形·色——网页设计法则及实例指导

姜鹏 郭晓倩 ◎ 编著

人民邮电出版社

北 京

图书在版编目（ＣＩＰ）数据

形·色：网页设计法则及实例指导 / 姜鹏，郭晓倩
编著. -- 北京：人民邮电出版社，2017.11（2022.7重印）
ISBN 978-7-115-46535-1

Ⅰ．①形… Ⅱ．①姜… ②郭… Ⅲ．①网页制作工具
Ⅳ．①TP393.092.2

中国版本图书馆CIP数据核字(2017)第176700号

内 容 提 要

本书以深入浅出的方式，从设计的基本理念入手，通过几个网页设计标志性阶段的解读，向读者概述网页发展的历史，同时本书引入了网页设计的设计规范与配色法则，帮助读者快速梳理网页设计的流程。最后通过几个案例逐步解读网页设计的工作流程，将理论与实践充分结合，使读者能够深刻、多元地学习网页设计的技巧。

本书提供练习和实战中的素材和源文件，扫描封底"资源下载"二维码，即可获得下载方法，如需资源下载技术支持请致函 szys@ptpress.com.cn。

本书适合新入行的网页设计师、互联网技术相关行业的从业人员，如前端工程师、交互设计师、产品体验师等，也适合对互联网、新媒体行业感兴趣的人士学习、参考与使用。

◆ 编　著　姜　鹏　郭晓倩
　　责任编辑　张丹丹
　　责任印制　陈　犇

◆ 人民邮电出版社出版发行　　北京市丰台区成寿寺路 11 号
　　邮编　100164　　电子邮件　315@ptpress.com.cn
　　网址　http://www.ptpress.com.cn
　　北京虎彩文化传播有限公司印刷

◆ 开本：787×1092　1/16
　　印张：13.75　　　　　　　2017 年 11 月第 1 版
　　字数：433 千字　　　　　2022 年 7 月北京第 15 次印刷

定价：79.00 元

读者服务热线：(010)81055410　印装质量热线：(010)81055316
反盗版热线：(010)81055315
广告经营许可证：京东市监广登字 20170147 号

前言

PREFACE

　　随着中国互联网行业的迅猛发展，越来越多的人开始投身到这一行业。如今，网页设计师日渐凸显出它的不可替代性和专业性，早期的网页设计师多是由程序员转型的，因此相对更偏重技术性，而如今，许多大学都设立了网页设计这一专业课程，在学习软件的同时更倾向于培养学生的艺术感，尤其是在当下互联网行业中，职业分工日益细化，网页设计与前端代码已经分成两个独立的工作岗位，它们的工作内容分属于网页设计师与前端工程师。也正是由于这样科学系统的职业划分，使越来越多的人有机会在网页设计这一岗位上施展抱负。

　　编写这本书对于我们来说，是一个不小的挑战。多数设计师通常是"做"的比"说"的多，许多知识也主要来源于多年的专业学习和工作经验的积累。要想系统地归纳和陈述知识点，并将其集结成书，还要保证内容通俗易懂，不是一件容易的事。在案例的选择上，我们花了许多心思，但由于版权的限制，许多优秀的作品无法通过本书来展示，这让我们非常遗憾。不过，我们要感谢这个时代，因为拥有便利的互联网技术，我们可以通过浏览设计网站，向世界各地的优秀设计师们学习经验和技巧，开阔自己的眼界，提高设计水平。

　　网页设计师眼下炙手可热，招聘网站上给出的薪酬远远高于其他岗位，这也使许多人想投身这一行业。早前的网页设计师只要简单会一点设计即可，他们往往将大部分精力投入到代码的书写中。而如今，情况则大不相同，网页设计师在充分考虑易用性的同时，还必须给用户带来良好的视觉感受。通俗来讲，就一个网页来说，目前我们要求它不仅能用，看上去还要美观。因此许多用人单位在招聘时，会倾向于选择艺术专业出身的应聘者，因为他们接受过系统、专业的艺术训练，对于设计理念和艺术感的理解都要好过其他专业的应聘者。但这是不是就说明其他专业的应聘者不适合做网页设计呢？其实不然，许多人通过一段时间的系统学习，也能慢慢掌握网页设计的技巧和要领，做出优秀的作品。如果想成为业内顶尖的人才，除了需要具备与生俱来的一些天赋外，还需要日复一日地努力才可以。不过我们仍然相信，多数人通过学习，可以在这个行业实现自己的人生价值。

本书没有讲解太多的Photoshop操作，因为我们并不希望这本书仅以一本操作手册的形式而存在。因此，本书主要针对网页设计的相关规范、网页设计的主流配色方案以及部分网页设计案例展开讨论，可以在较短的时间内帮助刚刚进入这一行业的新人快速理解网页设计的概念，掌握网页设计的规范化流程，从而在工作中实现标准化输出。我们在书中加入了许多个人的工作经验，这些经验来源于大量的项目实践，我们将重点提炼，希望可以帮助新人顺利避开工作中的雷区，更好地完善自己的设计作品。

　　冰冻三尺，非一日之寒。设计行业更是如此，没有人可以通过短时间的培训、学习走上神坛，业内成功的设计师无不是通过自己的坚持不懈方才取得今日的成果，因此，在这里也告诫诸位新人，需时刻保持谦虚、好学的心态，正如Steven Jobs（苹果公司创始人、IT业最有影响力的人物之一）所说过的一句话"Stay hungry, stay foolish（永不知足，不忘初心。）"只有真正热爱这项事业，才会激发出热情和天赋。希望这本书可以为你的设计工作带来新的启发，如果因此能让你爱上"网页设计"这门学科，那便是我们最开心的事。

　　我们借本书向读者传授网页设计的基本技巧，在学习这件事情上，我们相信"永无止境"，希望初学者能通过阅读本书开拓设计思维，并通过后天的不断学习提升自己的设计能力和自主学习能力。同时，期待在未来的日子里，能有越来越多优秀的设计师走入这个圈子，为网页设计行业注入全新的活力，也祝愿所有的设计师工作顺利，天天开心。由于网页设计不断发展，网络技术日新月异，书中的案例也许不尽完美，不足之处还请见谅。

　　本书所有的学习资源文件均可在线下载，扫描"资源下载"二维码，关注我们的微信公众号即可获得资源文件下载方式。

　　默默耕耘，静静收获。与诸位共勉！

姜鹏　郭晓倩

2017年8月

目录
CONTENTS

第1章

网页设计之初体验

网页设计师是当下比较热门的职业，常常被人们亲切地称为"网页美工"。近几年，国内互联网行业发展形势迅猛，促使许多人凭借一时冲动而扎进了各类零基础的网页和UI设计培训班，这背后固然有高薪的诱惑，但更深层次的原因是对这个行业的认知不足。

本章将会给读者介绍学习网页设计前需要了解的一些理论知识。同时，通过一些案例为网页设计师们分析如何提高网页设计师的核心技能即审美，并为读者推荐一些国内外都比较优秀的且与网页设计行业相关的网站。希望通过这一章的学习，读者能够逐步掌握网页设计的基本概念，为下一步的学习打下基础。

1.1 设计的意义

1.1.1 什么是设计

随着社会的发展和人类文明的进步，设计师的这一职业渐渐被人熟知。近几年，国内互联网行业的急剧发展，促使越来越多的人开始从事网页设计这一行业。

但目前，许多人对"网页设计师"的这一职业的认知还处于比较模糊的阶段，很多人觉得设计师不过就是排版工、切图仔，哗众取宠，并没有多少含金量，但这些设计师却在很大程度上影响了国内设计行业的发展。

设计是人类把思维中的计划、规划通过某种形式传达出来的活动过程。人类通过劳动改造世界，创造文明、创造物质财富和精神财富，其中比较基础也比较主要的创造活动则是造物，而设计便是造物活动开始前的规划，我们可以把任何造物活动的计划和过程理解为设计。简单来说，设计是有目的地创造和创意，同时伴有一定的艺术性，如图1-1所示。

图1-1 维也纳广场雕塑

目前，设计创意正在从"以设计师为主导"向"以用户为中心"演变，而如何为设计的使用者解决问题、探索用户的需求、追求用户的参与感则成为了当下设计的主流趋势，成为了如今社会设计的核心内容。

我们都知道设计的范畴很广泛，涉及各行各业。目前我们熟知的设计方向主要有网页设计、UI设计、平面设计以及建筑设计等，而本书所要讨论与讲解的方向则是网页设计。

1.1.2 设计的目的

网页设计师主要的工作是解决问题，通过创意和创造来实现客户的商业目的。在网页设计前期，设计师需要了解目标用户的动机，并理解客户的商业需求，还需要了解相关技术上的限制。随后，需要把这些需求转化为肉眼可见的产品，满足用户的使用需求。

其次，追求商业目的之外，网页设计师也可以通过自己的设计行为给他人带来更好的生活体验，提高整个社会的运行效率，并在一定程度上改变社会的意识形态。换句话说，设计不仅是一种单纯的创造，同时也有利于实现人类对于美好事物的向往，提高人们的修养，使世界变得更加美好。

除了要实现产品的基本使用功能外，还需要时刻关注消费者在产品使用过程中的心理感受，了解他们的使用场景，并不断地改进产品，这是每个设计师都应当遵循的职业准则。在苹果、无印良品以及小米等一系列成功品牌的背后，是对用户的充分尊重和对体验设计的一种深刻思考。值得庆幸的是，越来越多的企业开始把关注点放在提高产品的设计上，为用户提供更好、更流畅的使用感受，而这就是之前提到的现阶段设计创新的核心内容——以用户为中心的设计，如图1-2所示。

图1-2 智能手机的出现给人们带来更多可能

设计的价值在产品生产过程中的地位逐步提升的同时，弊端也随之显现出来。一些设计师在创造的过程中盲目放大"设计"的作用，而忽略了一个重要问题，即设计的核心目的是什么。

在设计的过程中，我们需要牢记一个概念，那就是好看的设计不等于好卖的设计。在多数情况下，设计是为实现某种商业目的而生的，设计师首先必须考虑客户需求，明确用户目标群，同时还需要关注产品的销量。因为作为商品，首先需要具备使用价值，再好看的产品，如果没有用户群接受，它就是没有市场价值的，必然也不会符合商业目的。

1.2 网页设计的前世今生

1.2.1 诞生——第一个网站

第一个网站诞生于1991年，它由"互联网之父"——蒂姆·伯纳斯·李（Tim Berners-Lee）建立，它的主要功能是向人们解释什么是万维网和如何创建网页等。同时，蒂姆·伯纳斯·李也在这个网站中列举了其他网站，原始网址现在已经无法访问，但在1993年，该网站的副本又被重新创建，如图1-3所示。

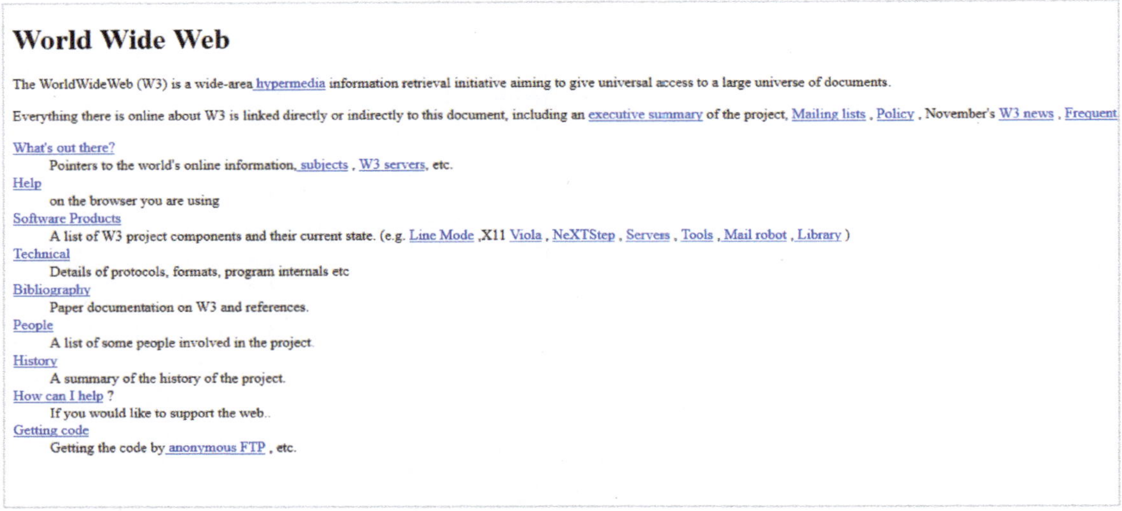

图1-3 1991年，第一个网站诞生

由于技术水平限制，这个年代的网页基本以文本格式为主，常用标签包括<h1>、<a>、<p>等，尽管样式上没有什么美感，但这却代表了人类在科技领域的全新尝试，如图1-4所示。

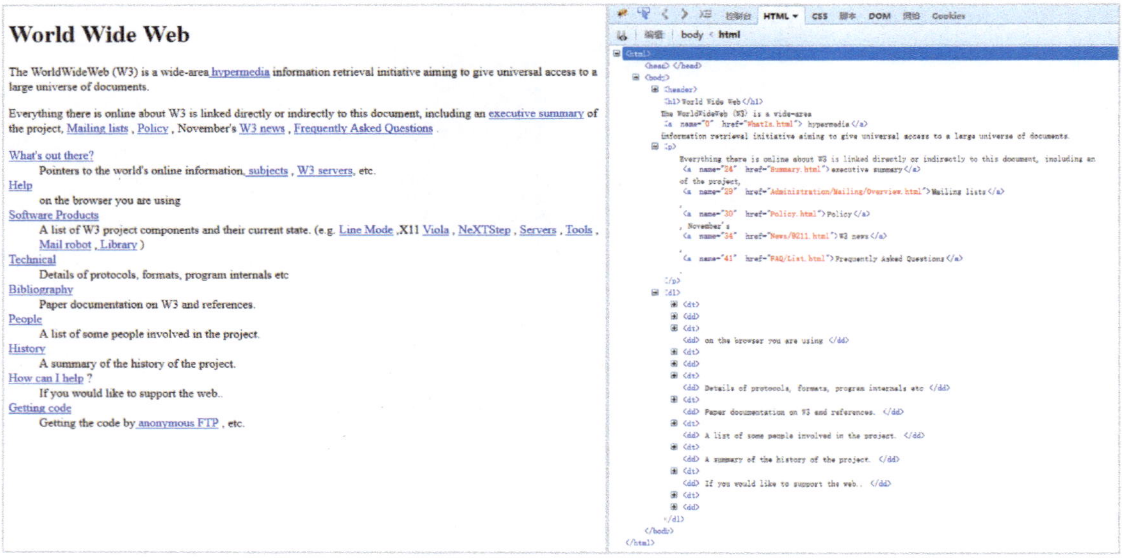

图1-4 左侧为网页展示效果，右侧为代码结构

1994年，同样由蒂姆·伯纳斯·李创立的万维网联盟（W3C理事会）（他也曾任万维网联盟主任）盛誉颇高，是国际上的标准化组织，也是Web技术领域的权威机构，主要负责制定Web标准，而目前我们所看到的网页都是基于这个标准来设计的。在学习网页设计时，我们可以通过万维网联盟网站上的教程来了解相关信息，并且，这些教程全部都是免费的，如图1-5所示。

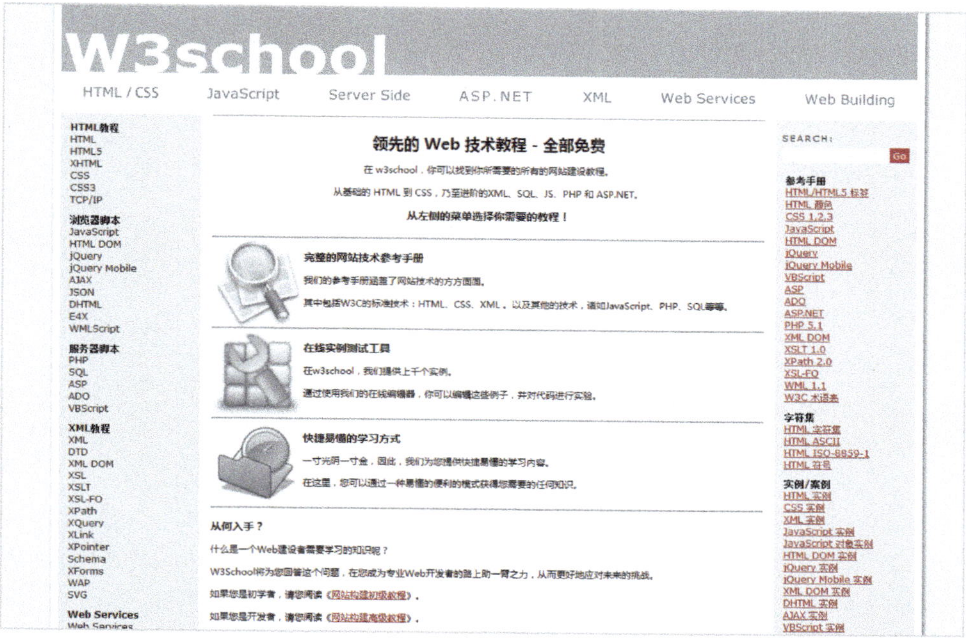

图1-5 W3school网站

1.2.2 探索——表格布局

表格，英文名称table，简单的表格由table 元素以及一个或多个 tr、th 或 td 元素组成，如图1-6所示。其中，tr 用来定义表格行，th 用来定义元表头，td 用来定义表格单元。

```
<table width="200" border="1">
  <tr>
    <td>周一</td>
    <td>周二</td>
    <td>周三</td>
  </tr>
  <tr>
    <td>数学</td>
    <td>语文</td>
    <td>化学</td>
  </tr>
</table>
```

周一	周二	周三
数学	语文	化学

图1-6 表格布局代码及样式

表格最初是为了显示表格化数据而生的，后来被许多设计师用来布局形式复杂的网页，相比文本的网页设计来说，表格布局更好地表现了网页的组织结构，使网页在视觉上有了明确的层级关系。随着互联网技术的进步，设计师们开始利用切片和表格的组合，创造出许多比以往的效果更加出众的网页作品，表格布局在DIV（全称DIVision）布局出现之前，一直是网页设计的主流。如今绝大多数的网页设计师已经不再用它来进行网页布局，但这并不代表表格已经毫无作用，事实上，目前许多网页上的数据展示设计仍旧使用表格布局，因而table这一元素又恢复了它最初的作用。

这个时期的网页设计已经告别单调，许多图片通过"切片"技术被穿插在网页之中使用，使网页变得丰富多彩，这也极大地提高了网页的观赏性，如图1-7和图1-8所示。

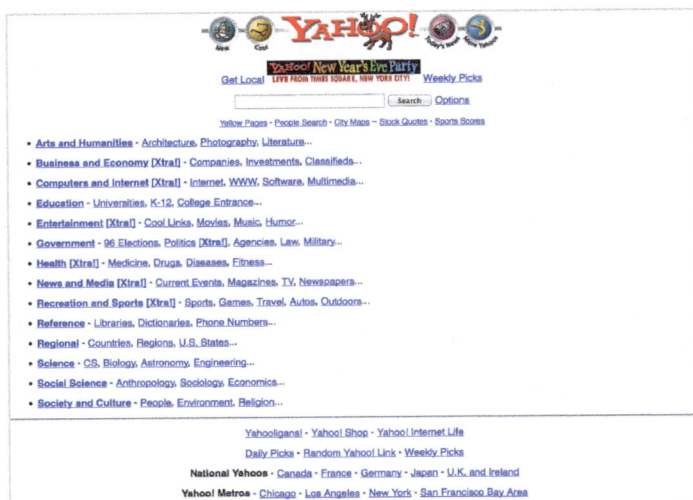

图1-7　1996年雅虎网站首页

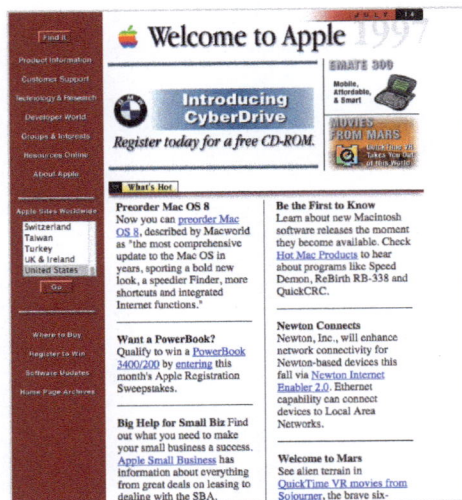

图1-8　1997年苹果官网设计

类似苹果公司的这种侧边栏导航布局，在目前的网页设计中，尤其是针对电子商务类的设计上尤为常见，如淘宝网、京东等主流电子商务网站的设计，如图1-9和图1-10所示。如此，设计师可以用色彩来明确用户的视觉重心，并突出一些重要功能，在用户的视觉浏览路线上起到了良好的导向作用。

图1-9　淘宝网首页效果

图1-10　京东首页效果

1.2.3　发展——Flash的"崛起"

Flash的前身是Future Splash，后更名为Flash，它是交互式矢量图和 Web 动画的标准。

在Flash出现之前，想要利用HTML实现复杂的视觉效果是十分困难的事情，而在Flash出现之后，设计师们通过Flash可以满足各种新颖的网页布局、网页交互甚至是网页动效制作的需要。不过，由于Flash在运行过程中需要消耗大量的内存，且在加载时对网速的要求较高，使它无法在网页设计领域占据主流，但现今仍有一些网站采用Flash来实现动态效果，如图1-11和图1-12所示。

图1-11
国外Flash网站首页界面

图1-12
国外Flash网站加载页面

在这个时期，设计师们开始越来越重视排版在网页设计中的作用，此时设计师可以通过不同的排版方式，在网页布局上做进一步优化，使功能模块和文本的主次关系变得更加明确，这非常有利于用户体验的提升，如图1-13和图1-14所示。

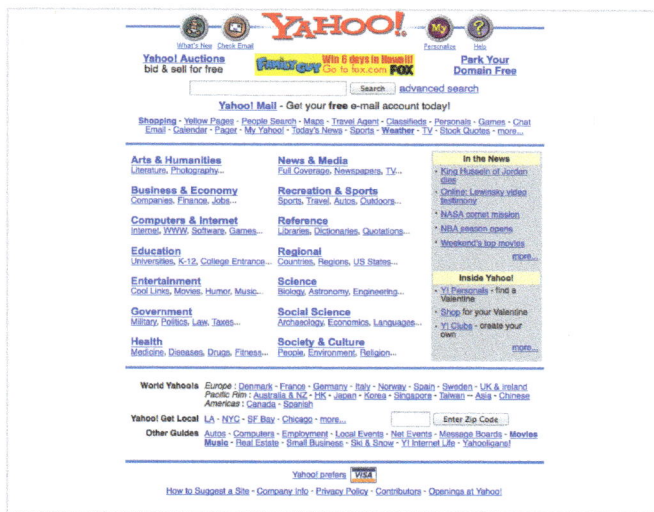

图1-13　1999年雅虎官网

图1-14　1999年苹果官网

1.2.4　渐入佳境——DIV与CSS的诞生

DIV（全称DIVision）：层叠样式表中的定位技术，用来为HTML内的内容提供结构、背景的元素。

CSS（全称Cascading Style Sheets）：用来表现HTML或XML等文件样式的计算机语言。

在网页设计中，DIV的作用主要是定位层叠样式表中的单元位置和层次。使用DIV布局的网页能够极大地简化网页中的代码。对于搜索引擎来说，这种技术相比表格布局更容易抓取到页面中的信息，且DIV布局在浏览器兼容性上的表现也更为优秀。

CSS的主要作用是对网页中的元素实现位置、样式上的精确控制。在网页设计中，CSS的优点是将网页设计中的样式与内容完全分离出来，几乎所有的设计属性都会被写在CSS文件中，而网页的内容可以独立存在于HTML中，这也使网站的维护变得更加便利。相比Flash来说，CSS样式表在加载时更为迅速，表现也更为出色，这会使用户在浏览网站时感觉更加流畅，体验也会更加美妙，如图1-15所示。

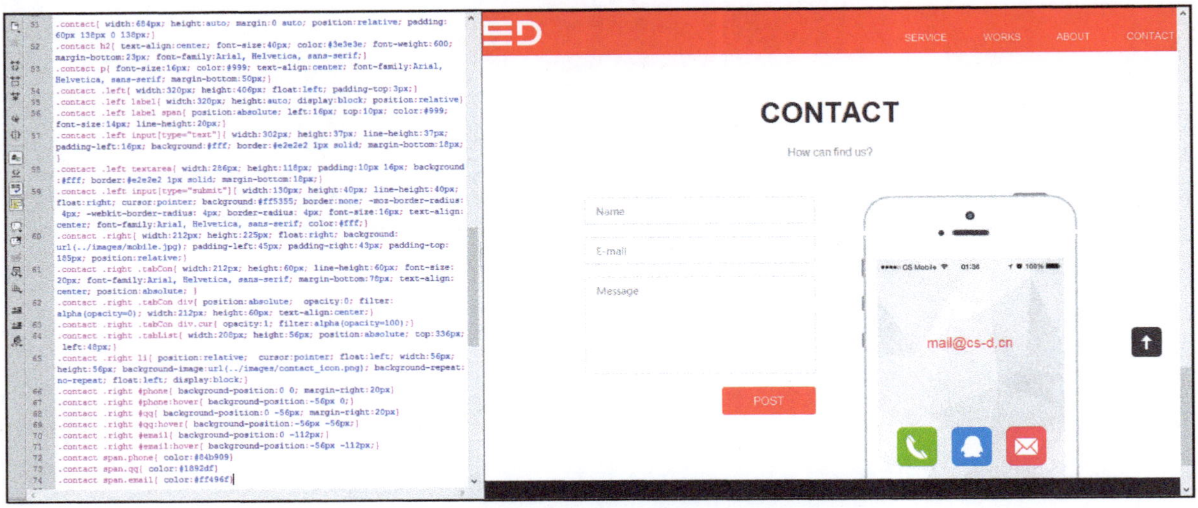

图1-15　左侧为代码结构，右侧为网页显示效果

自DIV与CSS出现之后，设计师们有了更大的空间来发挥自己的创意，而在这个阶段的设计中，出现了一种对后世影响深远的设计风格，那就是"拟物化"设计风格。这种设计来源于真实生活中的场景，在设计中，页面中显示的物品接近真实场景中的物品材质和形态，同时模拟真实生活中的交互过程，使用户能够快速理解设计的含义。同时，这种设计风格也从实物延伸到网页设计中，而"水晶质感"是这个时期非常具有代表性的一种拟物风格，它利用高光和阴影真实地再现了水晶的造型，如图1-16和图1-17所示。

图1-16　2000年苹果官网水晶质感导航页面

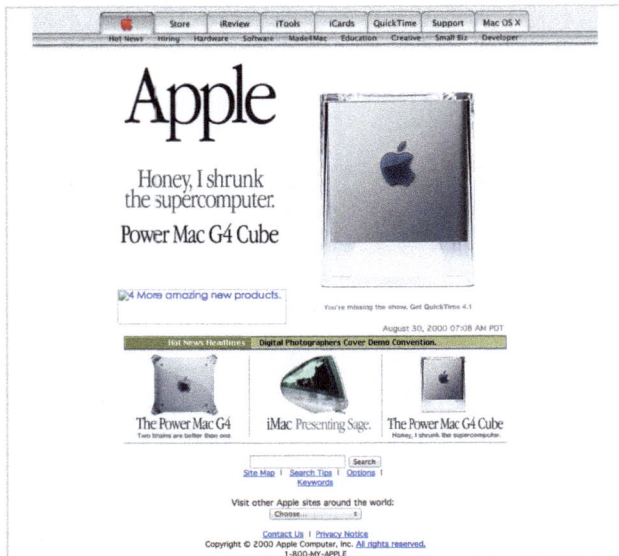

图1-17　2000年苹果公司发布的 Power Mac G4 Cube产品，采用了水晶外观效果

1.2.5 划时代——移动端兴起与响应式布局

伴随着科技的发展，尤其是智能手机的广泛普及，人们对碎片时间的利用率也越来越高，移动端逐渐超越传统的PC端，成为互联网科技的主流。因此，如何适配多尺寸的移动设备，怎样提高移动端网页的加载速度等，也就成为了设计师们需要面对的全新挑战。

在2010年，伊森·马考特（Ethan Marcotte）首先提出了响应式布局的概念——一个设计方案可以兼容多个终端设备，布局样式随着不同的设备尺寸做出相应的变化。在网页设计中，响应式布局意味着网站能在不同的终端得到完美显示，且即便是在移动端也能流畅加载。设计师们不再需要针对不同设备进行多版本的设计，大大减少了工作量，而这对于用户来说，也是一种全新的体验，如图1-18所示。

图1-18 左侧为Web显示效果，右侧为移动端显示效果

网页设计中的栅格系统（由平面设计的栅格系统发展而来，英文名称grid systems，它的作用是用规则的网格阵列来设计和规范网页设计布局）的出现，给了设计师们新的启发。此时960和1200栅格系统成为设计师们应用较广泛的工具，随后问世的Bootstrap和Foundation使网页设计更加简洁和迅速，各种常见的导航、按钮组以及进度条等元素都被放入组件库中，并且可以重复使用，通过它们设计师可以快速搭建功能完备的网站，这些技术都使移动端网页设计变得更加成熟和便捷，如图1-19所示。

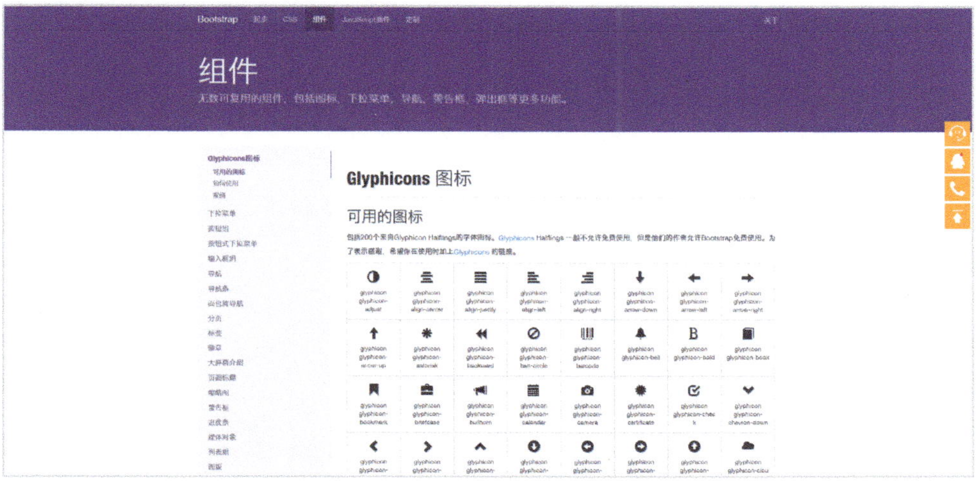

图1-19 常用组件库

这个阶段的网页设计更趋向于简洁化、抽象化和扁平化，此种设计抛弃了拟物化中复杂的高光、投影以及纹理等细节，多采用极简的色块、符号来表现其中的含义。因此，扁平化风格给设计师们带来的更多的是配色以及排版方面的考验，如何让用户准确明白图形的含义，且更专注内容本身，是他们应当重点考虑的问题，如图1-20~图1-22所示。

图1-20　QQ下载页面

图1-21　阿里旺旺下载页面

图1-22　新浪微博页面

1.3 网页设计师的审美培养

1.3.1 审美的差异

初学设计的朋友常常会问这样的问题：我需要学习什么软件？

的确，软件是设计师必不可少的，但是作为一名合格的设计师，仅仅学习软件是不够的，因为软件只是表达设计思维的工具，真正衡量设计师水平的是内在的视觉感受，也就是我们所说的审美。

审美需要靠一个人的直觉，也需要一定的天赋，而软件的作用，就是要把设计师的直觉转化为现实，这种直觉无法用言语去形容，因为它是一种抽象的概念。

美感的培养是设计师进阶的必经之路，是需要重点修炼的技能，也是设计师从业的根本。对于设计师来说，其审美需要在符合大众审美的基础上更高一筹，设计师所处的生活环境、眼界范围对设计师的审美有非常大的影响。图1-23和图1-24所示的这些设计在我看来都是不尽如人意的设计。

图1-23 儿童摇摆机

图1-24 海报设计

1.3.2 日韩设计行业的现状

■ 日本的设计行业现状

从日本的设计中，我们可以看到神秘多变的东方魅力，也能看到静、和、空灵的禅意之美，无论是在工业设计还是在平面设计方面，日本都有许多出众的品牌案例，如Sony。Sony从早期的Walkman（随身听）到后来的索尼爱立信手机，再到相机和经久不衰的PS（PlayStation）游戏机，可以说其每一个产品都把"细腻"演绎到了极致。当然，在设计圈内也有非常多知名的日本设计师，如无印良品（MUJI）壁挂式CD机的设计者深泽直人，他的作品在世界各大设计大赛中屡获奖项。作为一个产品设计师，深泽直人非常注重用户在产品使用过程中的体验，在他的设计中我们可以看到他对事物本质的思考和对产品细节把控的严谨性。通过观察身边的事物，发现许多别人未曾注意到的细节，并把这些平凡无奇的细节自然而然地融入到自己的设计作品中，他称这种设计理念为"无意识的设计"，也叫作"直觉设计"。

回到设计本身来说，日本的设计具有务实性，设计的目的都是提升产品价值，设计与产品的贴合度极高。在日本，许多企业会在产品研发上投入大量资金，以提高产品的市场竞争力，这些精致且功能强大的产品也在国际市场上赢得了顾客的青睐，如图1-25和图1-26所示。

图1-25　文具用品设计

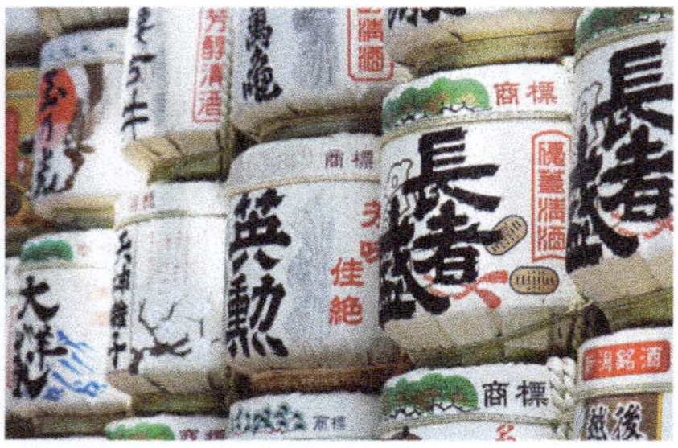

图1-26　日本清酒外包装设计

日本文化与中国文化有着高度的统一性，许多日本传统文化都源于中国古代，包括建筑、服饰和工艺品等。日本与中国在古典园林设计上有着非常多的相似之处，其中比较鲜明的代表是日本"庭院枯山水景观设计"，其借助植物与砂石来表现恬静、闲寂的内心世界，我们可以从园林景观中领略到属于东方世界的古典主义审美，也可以从中感受到一种静谧的"禅宗"意境，如图1-27和图1-28所示。

图1-27　日本庭院枯山水设计场景（1）

图1-28　日本庭院枯山水设计场景（2）

"枯山水"被赞誉为日本庭院艺术的至高境界。如同它的名字一般，"枯山水"并没有水，是干枯的庭院景观，甚至在个别设计中摒弃了植物。"枯山水"的特点是以"山石""砂砾"来象征自然界中的湖、海、大川等，即使没有看到山川溪流，我们也能透过"枯山水"看似简单，实则意境深远的造型中体会到禅宗"空""无"的意境。

与"枯山水"的"无"这一意境相似的还有一个日本品牌——无印良品。正如其品牌直观的概念优质、朴素、简洁一般，低成本、高质量是无印良品创办之初所秉持的经营理念，其品牌系列产品除去所有不必要的设计，只留下产品本身的使用功能，既节省了成本，也为品牌赢得了消费者的拥护。到目前为止，无印良品已经不仅仅是一个品牌的概念，从另一个角度来说，它蕴含了"大道至简"的哲学思想，透过产品传达给消费者一种质朴、纯真的生活理念，如图1-29所示。

图1-29　无印良品门店

　　对于禅宗的独特理解使日本的设计风格别具特色，处处充满了和谐、宁静之美，细节处处见精致，将日本人"认真"的态度体现得淋漓尽致。

　　在网页设计方面，近些年优秀的案例频频出现，它们或是带有禅宗意味的设计风格，或是融合了超现实主义的浪漫设计元素，风格复杂多变。

　　这里以"山河旅馆（Sanga Ryokan）"的官网设计为例。山河旅馆是一家位于日本九州中央西部熊本县的旅店，其官方网站采用了对称式设计，黑白相间有阴阳相谐之意，静谧安详的场景和元素设计处处透着令人安静的力量，如图1-30所示。

图1-30　日本"山河旅馆"的官方网站

　　再以"Herbal Bises的官网设计"为例。Herbal Bises是日本的新晋护肤品牌，其官网的设计清丽脱俗又极具梦幻般的气息，花卉和蝴蝶元素体现了该品牌源于自然的产品理念，用户在移动鼠标的同时，页面上的蝴蝶也会随之位移，动态设计让页面风格更加活跃，给用户带来新奇之感，如图1-31所示。

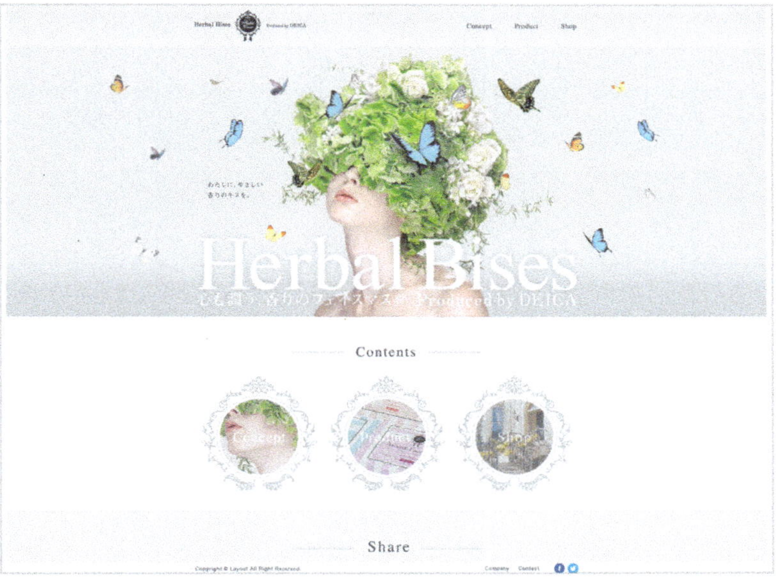

图1-31　Herbal Bises的官方网站

■ 韩国的设计行业现状

从工业设计、服装设计再到网页设计，韩国设计师在设计的各个领域都展现了自己的优势。

与日本的禅宗意境不同的是，韩国的网页设计中个性化布局配合超高的色彩搭配技巧，令人眼前一亮，色彩饱满且使人感觉舒适，层级明确，繁而不乱，细节处理到位，这些都使用户在阅读网页时具有较高的视觉舒适度。

同时，韩国的许多网站都采用了Flash技术，精彩的创意足够吸引用户的注意。说到这里，许多读者也许会发出疑问："Flash是否影响页面的加载速度？"答案是肯定的。但在这里需要注意的是，在2015年国际电信联盟（ITU）发布的全球互联网使用报告中，韩国的网速名列前茅。宽带的超高普及率和极速网络让韩国本土的用户无需考虑Flash加载时是否存在过慢的问题。

在网页设计方面，韩国新的游戏网站设计表现得尤为出色。画面质感精美华丽，虚实结合，明暗相宜。在细节的处理上构思精巧，层次恰到好处，这些都成为提升网站品位的加分项，如图1-32~图1-34所示。

图1-32 韩国游戏网站界面（1）

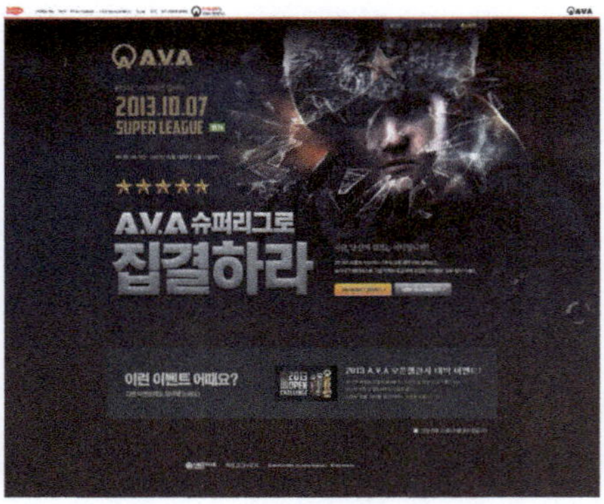

图1-33 韩国游戏网站界面（2）

图1-34 韩国游戏网站界面（3）

与此同时，国内的设计行业也在迅猛发展，涌现出非常多优秀的设计团队，他们在创意和构图方面都有自己独到的见解，优秀作品频频出现，如图1-35~图1-38所示，为许多新入行的设计师提供了值得学习和借鉴的经验，推动了国内设计行业的发展。

图1-35 腾讯设计团队作品展示（1）

图1-36 腾讯设计团队作品展示（2）

图1-37 腾讯设计团队作品展示（3）

图1-38 腾讯设计团队作品展示（4）

在韩国的网页设计中，经常可以看到手绘元素，充满趣味性的卡通形象很好地点缀了整个页面，使网站充满轻松愉悦的感觉，如图1-39和图1-40所示。

图1-39 韩国LINE官网活动页

图1-40 韩国BOOK官网首页

1.3.3 如何培养审美

作为一名网页设计师，首先要知道什么是美的设计，这点与其他领域的设计师是相通的。设计师这个职业对行业经验和文化修养都有较高的要求，并且核心要求是产品要符合大众审美、通俗易懂。因此，虽然鼓励设计师创新，但是要在用户能接受的范围内，这样才能使用户产生购买欲，并愿意为设计买单。

新人该如何培养审美，在此给出了以下4点建议。

■ 不断学习和观察

在设计师成长的过程中，需要不断学习和梳理。在入门阶段，多看多练是快速成长的不二选择；在设计伊始，很多人会觉得缺乏头绪和灵感，这时候不要太紧张，因为即使是资深设计师也时常会有这样的烦恼。因此，平日里需要注意多收集与设计相关的资料，例如，一些相关的网页设计规范、设计模板和优秀案例等，从中学习他人的设计技巧与思路，经过一段时间，也可以形成一套自己的设计方式；在设计方案的拟订过程中，如何配色是设计师比较头疼的问题，针对此问题，一些资深设计师给出的建议是，如果对自己的配色没有把握，可以借鉴优秀案例中的配色方案并合理运用，这样会降低犯错的概率。

在学习和观察的过程中需要提醒读者的是，要注意甄别设计案例的优劣，及时删除过时的信息，许多经验不能直接照搬，要根据不同的使用环境来做修改或提炼。此外，学习和收集的过程也是一个自我提升的过程，它有可能会使你在今后的设计生涯中受益匪浅，如图1-41所示。

图1-41 不断学习是设计师进步的唯一方法

在模仿中进步

创新始于模仿，对于初级设计师来说，设计灵感和经验并非凭空而来，从"菜鸟"到大神并非朝夕之间。当然，模仿并不等于抄袭，因此如何正确地模仿也就显得尤为重要。在模仿学习的过程中，建议找自己喜欢的设计师，并选择行业内普遍觉得不错的设计作品，从细微处入手，研究他人的设计手法和创作方式，不断学习工具的使用方法，提高自己的设计速度，学会举一反三，并在模仿中形成一套自己独特的设计理念，如图1-42所示。

图1-42 在模仿中形成自己的风格

提升自身的时尚感

通常来说，我们对于时尚的理解一定程度上代表了个人的艺术鉴赏能力。一个穿着落伍的设计师很难有符合时代潮流的设计作品，虽然这并不是绝对的，但还是希望读者在生活中能够多关注一些时尚潮流信息，尽量提升自己的穿着品位和鉴赏能力，如图1-43所示。

图1-43 好的审美才能做出好的设计

在沟通中学习

设计师在工作中不仅要沉浸在自己的理想世界中做设计，还要与身边的同事和朋友多交流，因为许多工作中的合作伙伴或生活中不同圈子的朋友或许会给你带来意想不到的收获。以前端工程师和产品经理为例，他们应该是设计师在工作过程中最常打交道的两个角色，曾经有许多设计师吐槽前端工程师不懂设计，埋怨产品经理不尊重设计。但我们要知道，业有所长，术有专攻。优秀的前端工程师和产品经理都会提出自己的合理化建议来提升产品的体验，因此在工作中要学会多沟通，树立团队意识，只有保持谦虚的心态才能不断进步，如图1-44所示。

图1-44 良好的沟通有助于设计师自我成长

1.4 专业的设计网站推荐

1.4.1 国内设计网站推荐

■ 站酷（Zcool）

站酷网是一个人气设计师互动平台，聚集中国大量的专业设计师，包括平面设计师、网页设计师以及插画设计师等，涉及艺术创作、交互设计、影视动漫、时尚文化和广告创意等领域，如图1-45所示。

图1-45 站酷网

■ 花瓣

花瓣网是一个类似Pinterest的网站，基于兴趣分享，为用户提供简单的素材采集服务，帮助用户将自己喜欢的图片重新组织和收藏，设计师可以从中寻找设计灵感和设计素材，如图1-46所示。

图1-46 花瓣网

■ UI中国

UI中国的前身为 Iconfans，是一个专业的界面交互设计平台，主要为设计师们提供交流学习和作品展示服务，会员均为职业UI设计师，专业性较强，因此也是UI设计师人才流动的集散地，如图1-47所示。

图1-47 UI中国

■ Uehtml

Uehtml是优艺客（原韩雪冬网页设计工作室）旗下的设计师交流平台，专为网页设计和界面设计而生，拥有较多创意精美的网页设计作品，如图1-48所示。

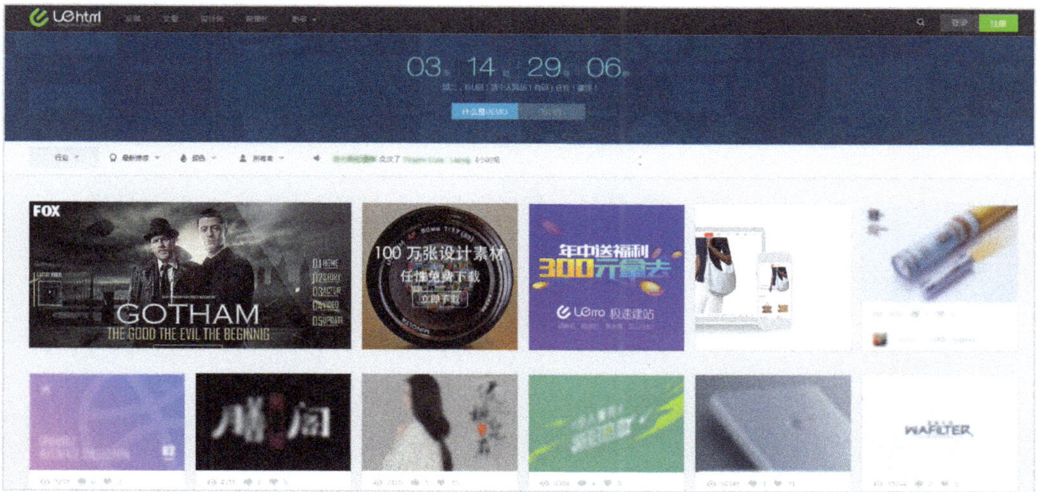

图1-48 UeHtml

■ **优设**

　　是国内比较专业的网页设计师交流学习平台，有许多关于设计师的职业理念和从业经验的收集与分享，另有好用的设计小插件可供下载，如图1-49所示。

图1-49 优设网

1.4.2 国外设计网站推荐

■ **Dribbble**

　　Dribbble是一个面向创作家、艺术工作者、设计师等创意类作品分享的平台，提供作品在线服务，供网友在线查看已经完成的作品或者正在创作的作品的交流网站，如图1-50所示。

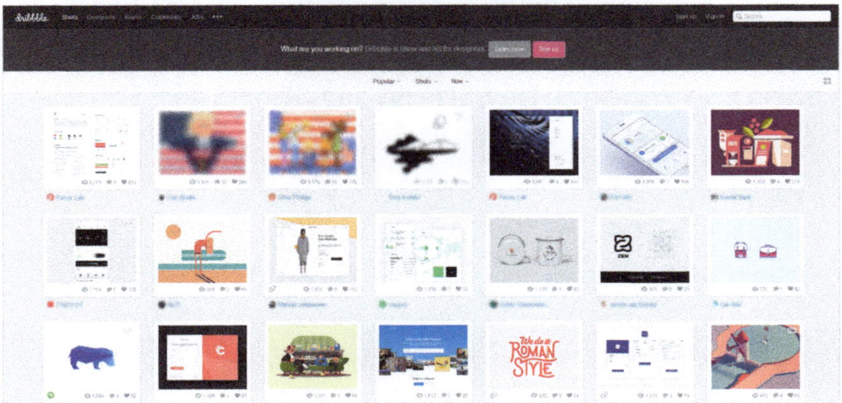

图1-50 Dribbble

■ Behance

Behance 是一个设计社区，在这里创意设计人士可以展示自己的作品，欣赏别人分享的创意作品，还可以通过评论、关注、站内短信等方式与这些设计师进行互动，如图1-51所示。

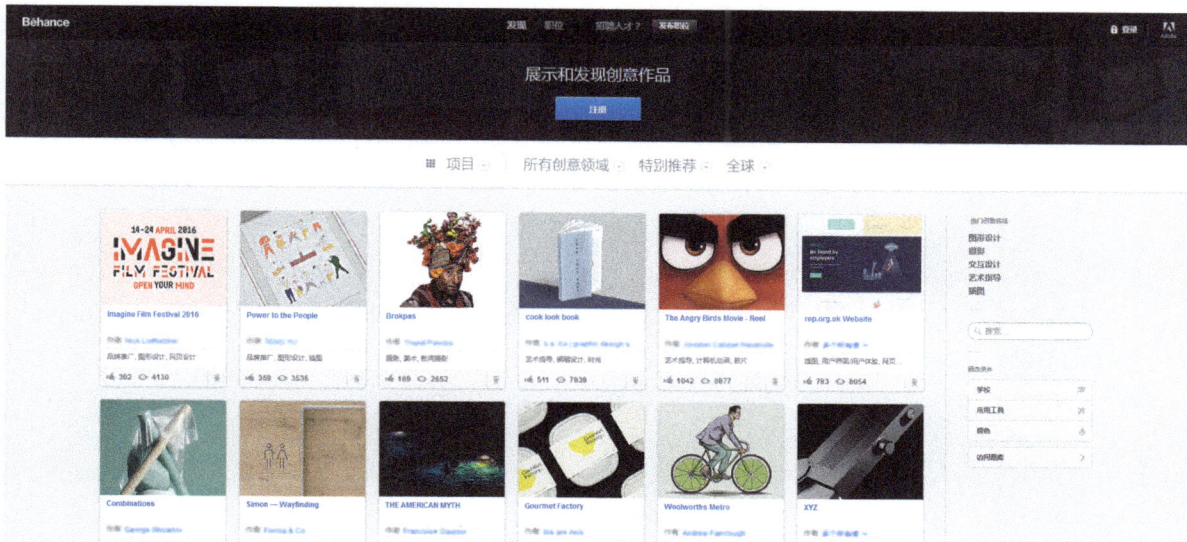

图1-51 Behance

☑ 小结

网页设计师在入门前，首先要做到对"美"有正确的认知，能够准确判断什么是美、什么是丑，只有这样才能做好设计。作为新人，需要不断学习，多看多练是提高设计水平的王牌法则。国内近些年也有许多作品十分突出的网页设计师，他们的作品常常被发表在各大设计网站，读者在工作之余一定要多浏览设计网站，通过多看优秀作品来提升眼界，在观赏的同时汲取优秀设计案例的经验，取长补短，将别人的优点融入自己的作品中，在学习中不断进步。

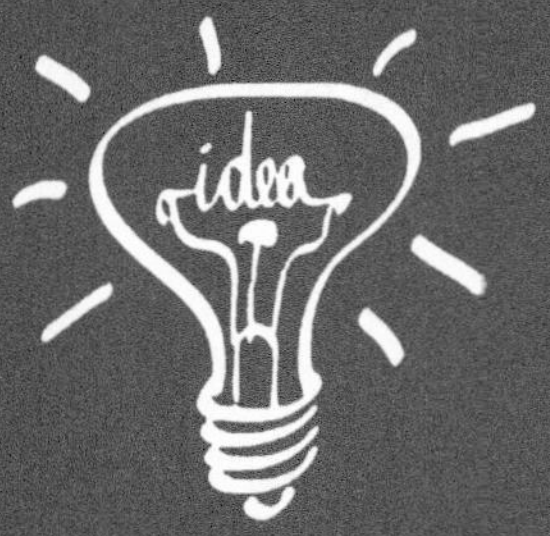
idea

第2章
以用户为中心的设计思维

用户体验，这一词想必大多网页设计师都耳熟能详。从餐饮品牌到各类品牌的设计创建与塑造，用户体验渗透了各个产品的方方面面。

研究用户的目的是让用户在使用产品的过程中觉得愉悦，从而带来更高的产品价值。本章将用生活中常见的案例来为读者深入解析"用户体验"的含义，也会与读者讨论一些网页设计中常见的用户体验问题，教读者如何正确分析用户真实的需求，并解决问题。此外，本章还会对创新与产品细节的案例进行分析，帮助读者更好地理解用户体验的核心意义和深层含义。

2.1 什么是用户体验

近年来，越来越多的人开始谈论"用户体验"这个概念，例如，常听人说某个网站用户体验不错，某个APP使用起来很方便等。"用户体验"是一个听上去很"高大上"的词，而且好像如今一切与"用户体验"有关的信息都仅仅存在于互联网产品中，那么事实真的是这样吗？不然。

"用户体验"在生活中无处不在，研究生活中的用户体验可以帮助网页设计师开拓设计思维，给设计带来新的灵感。用户体验有好有坏，好的用户体验会让用户在使用产品或享受服务的过程中感觉非常舒心和愉悦，反之则会给用户带来很多困扰。好的用户体验是好用的，整个使用过程是流畅无障碍的，而进行网页设计时也应当尽可能遵循这些原则。

2.1.1 生活中的用户体验

■ 无障碍设施

在日常生活中，许多无障碍设施遍布于大街小巷，它们的作用是为残障人士、老年人以及其他行动不便者提供使用方便及安全有效的服务。与此同时，也有许多设施在使用过程中常出现不符合用户预期的情况。

图2-1所示的过于陡峭的无障碍坡道会增加使用轮椅或行动不便的人的使用困难，这样的设计就是不符合使用情景和用户体验的。

对设计师来说，用户体验不是一句挂在嘴边的空话，而是需要实实在在站在用户的角度充分考虑问题，并实践设计方案的可行性，然后反复验证设计能否真的帮助用户群解决实际困难，避免为用户带来困扰，如图2-2和图2-3所示。

图2-1　不合理的无障碍坡道　　　　图2-2　人性化无障碍坡道　　　　图2-3　人性化盲道设计

■ 肥皂盒

肥皂盒是人们每天几乎都在使用的物品，传统的肥皂盒通常底部设计有几条滤水槽，但由于肥皂与肥皂盒仍有大面积接触，所以不能保证残留的水渍完全滤出，从而常常会有积水的问题，且随着肥皂融化会滋生一些细菌，让人十分困扰，如图2-4所示。

就以上问题，聪明的设计师们选择在肥皂的下方放置能够吸水、滤水的海绵，借助海绵的特殊结构，让使用后的肥皂更快速地干燥，既解决了肥皂盒积水的问题，又避免了肥皂被水融化后滋生细菌，如图2-5所示。

图2-4 传统皂盒

图2-5 带有海绵的改良皂盒

速溶咖啡包装

速溶咖啡对人们来说都不陌生，传统的速溶咖啡包装多为方形侧开口的设计，这种包装的缺点是，假如将开口撕得过大，那么在倾倒时非常容易撒漏，而且不太容易掌握用量，如图2-6所示。

如今，市面上多数的咖啡包装都改良为长条状侧开口的设计，这样一来开口的面积变小，冲泡时可以很容易地将咖啡倒入杯中，不会造成撒漏，同时，这样的设计更方便用户控制每次的倒入量，如图2-7所示。

图2-6 旧式咖啡包装

图2-7 新式条状咖啡包装

油壶

许多油壶在使用完之后，残余的部分液体会沿着壶壁流下，经过一段时间后，壶身会变得黏腻不堪，如图2-8所示。

为了解决这个问题，设计师们在设计油壶时加长了壶嘴的长度，让液体可以更流畅地流下，而不会使过多液体在回流过程中漏出。设计师们还在壶盖上做了下凹式的槽口，且整体呈漏斗状，如有液体洒漏，可以沿着槽口流回壶中，如图2-9所示。

图2-8 旧式油壶

图2-9 新式油壶

2.1.2 互联网产品中的用户体验

- ### 验证码

　　注册、登录网站时经常要用到验证码，其样式繁多，因此设计一套让用户可以流畅使用的验证码是网页设计师应该考虑的细节。许多网站的验证码辨识度极低，即使是视力正常的用户，在辨识的过程中也会存在一定障碍，这样的验证码对于弱视用户群来说，更是困难重重，严重影响了用户体验，如图2-10和图2-11所示。

　　此时设计师在细节上应多加留心，关注一些特殊群体，让设计变得更为人性化，努力为更多用户创造良好的使用环境，如图2-12所示。

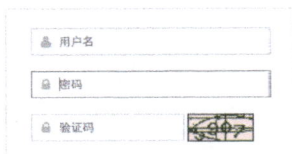

图2-10 辨识度较低的验证码（1）　　图2-11 辨识度较低的验证码（2）　　图2-12 辨识度较高的验证码

- ### 表单设计

　　在使用网站注册功能时，常会遇到需要填写表单的情况。如果遇到一个没有提示信息的表单，用户就只能靠猜测来填写相关信息，提交表单后，如果某项信息填写错误，那么就需要重新返回页面，这时，许多已经填写过的信息又要重新输入，这样的体验真的是糟透了！

　　如果设计师在设计过程中就考虑到了这些问题，那么就可以根据具体情况设置某些必要的提示，以帮助用户在填写过程中准确录入。同时，当用户在填写过程中出现错误时，应当给出相应的警示，这样就可以避免用户在填写过程中因为体验不顺利而产生一些反感的情绪，如图2-13所示。

图2-13 表单设计

　　通过以上对"用户体验"的相关解析，读者应该对"用户体验"这个词有了更深刻的理解。用户体验是一种用户在使用产品的过程中产生的主观感受，产品的目标人群、使用习惯以及用户的使用环境等，都是设计中应当重点考虑的问题，为用户营造愉悦、美好的使用体验是设计师在设计时的首要考虑因素。

2.2 挖掘用户需求

2.2.1 需求层次论

用户需求是用户在某个情境下产生的不满足感。作为产品设计中重要的一环，设计师该如何探索用户的需求，从而做出符合市场需要、超出用户预期的产品呢？

美国心理学家亚伯拉罕·马斯洛（Abraham Harold Maslow）曾经提出了著名的"需求层次论"，目前该理论对各个行业都产生了深远影响。在需求层次论中，亚伯拉罕·马斯洛将人们的需求按从低到高的层次分为6大类，包括生理需求（Physiological needs）、安全需求（Safety needs）、爱和归属感（Love and belonging）、尊重（Esteem）、自我实现（Self-actualization）和自我超越（Self-Transcendence needs），如图2-14所示。

图2-14 需求层次论

亚伯拉罕·马斯洛认为，人类的需求是由低级阶段向高级阶段发展的，且这个发展的过程也符合人类发展的一般规律。针对以上这6个层次的需求，可以将其分为以下3个阶段。

⊙ **初级阶段**：指生理需求、安全需求。属人类最基本的生存需求，如食物、水、空气、生命安全等。
⊙ **中级阶段**：指爱和归属感、尊重。属人类较高层次的需求，如社交、名望、成就、晋升空间等。
⊙ **高级阶段**：指自我实现与超越。属人类最高层次的需求，如追求自我、发挥个人潜能、为社会贡献价值等。

而对于设计师设计的产品而言，也可以分为3个阶段，从低到高排列依次为可用的、易用的和好用的，如图2-15所示。

在一个产品的设计过程中，首先需要满足"可用"，进而才可能实现"易用"和"好用"，而这3个阶段的发展过程也与人类需求的3个阶段相对应。

图2-15 产品设计的3个阶段

2.2.2 用户需求解析

在产品设计构思期间，往往要通过各种方式收集一些用户的需求，例如，客户想要什么样的功能、希望用什么形式呈现等。要注意的是，在产品设计过程中，并不是客户所有的需求都要全部实现，换句话说，并非所有的用户需求都是有价值的。在日常工作中，我们也常常会关注和讨论某个产品是不是真正抓住了用户的"痛点"，由此看来，正确分析、抓住用户需求，才是产品成功的关键。下面将讨论如何正确分析和理解用户的真实需求以及如何抓住用户的深层次需求，从而更好地规划和设计产品。

■ 例1　订餐服务

随着APP时代的发展，各种"订餐"软件应运而生，很多上班族选择通过"点外卖"的形式解决午餐的问题，随之便有越来越多的商家在产品的设计上下功夫，通过精美的包装吸引消费者的注意，并刺激消费者的购买欲，如图2-16所示。

图2-16　某食品包装

除了必备的餐具之外，有些商家更注重细节上的把握，例如，他们会在配餐中多添加一份清新口气用的薄荷糖或口香糖，虽然物品的价格并不高，但却可以为食客带来一些小小的惊喜。

商家出售的食品和服务作为一个完整的产品，可食用只是满足了产品初级阶段的需求，即"可用"，而食客在使用过程中的体验，却是生产者更应该关注的问题。提升用户体验，就是基于目标用户群，分析其使用轨迹后所做出的产品优化，使产品的使用体验超出用户的心理预期，从而使产品满足更高级阶段的用户需求，即"易用"和"好用"。

■ 例2　手机流量提醒服务

在讲解这个案例之前，让我们把时间退回到十几年前，那时的手机还只是一个纯粹的联络工具，人们在等车或上下班的时候习惯买一份报纸或杂志来消磨时间，如今随着科技的迅速发展，智能手机的大范围普及，使用户的碎片时间被利用起来，越来越多的人在碎片时间里选择使用移动端阅读新闻、玩游戏和听音乐等，如图2-17所示。

基于"非Wi-Fi网络"这一特殊的使用环境，许多产品会通过技术手段来减少用户在使用产品时的流量消耗，或在需要用到用户流量时做出相应的提醒，用户可根据情况自由选择产品的使用方式，而这些都是用户体验在细节上的体现，从用户的角度出发，为用户提供更多可选择的空间，如图2-18所示。

图2-17 日本地铁车厢内使用手机的乘客

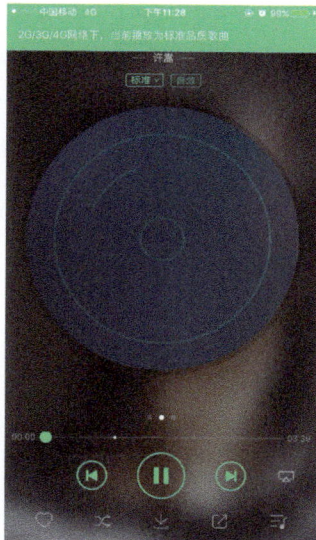

图2-18 QQ音乐顶部提示

■ 例3 产品的易用性

　　许多父母在首次使用某个产品时，会询问子女正确的使用方法。这是因为中老年用户对于新生事物的关注度和接受度相对较低，而这部分人群在使用产品的过程中往往需要不断阅读说明书，假如错误操作时不能得到及时的反馈，就会变得手足无措，如图2-19所示。

图2-19 使用智能设备的老年人日益增多

　　一个优秀的产品在使用时，应当遵循流畅、傻瓜式的使用体验，假如在使用过程中需要不断翻阅说明、咨询售后，那么这个产品无疑是失败的，这会容易让用户在使用过程中充满挫败感，降低对产品的好感度，甚至产生厌恶心理。

　　通过以上3个案例发现，当某个产品在使用过程中的用户体验超出用户的需求预期时，自然而然地会让用户更加喜欢该产品，从而对产品产生依赖感。反之，如果用户在使用体验中未能达到预期，甚至在使用过程中遭受挫折，那么用户就会对该产品产生消极、抵触的情绪。因此，挖掘用户需求是提升用户体验的必要环节，我们在设计过程中，必须遵循"从用户的角度出发"这一原则，分析用户的心理活动，为用户营造良好的使用环境，努力达到甚至超出用户的心理预期，这也是对一个设计师基本的职业要求。

2.3 令人愉悦的设计

设计师的工作并不仅仅是完成一个产品的制作，如果设计可以变得有意思，能够给用户带来快乐和美好的体验，那么设计师这个职业会变得更有意义，而如何将心中的"爱"与"快乐"传递给用户，是所有设计师都应该思考的问题。令人欣慰的是，目前越来越多的设计师正在尝试做一些可以传递"爱"与"快乐"的设计作品。

2.3.1 Google Doodle

Google自1999年开始，每逢节庆日，都会在自己的主页上对Logo做一些有趣的小改变，这个传统已经延续了十几年，人们将其称之为Google Doodle。下面列举了部分Google Doodle的设计案例作为展示和说明，如图2-20～图2-25所示。

图2-20　Google 2013年元宵节Logo

图2-21　Google 2014年儿童节Logo

图2-22　Google 黑泽明诞辰100周年Logo

图2-23　Google Jules Verne 儒勒·凡尔纳诞辰Logo

图2-24　Google《胡桃夹子》首演122周年Logo

图2-25　Google 2016年中国中秋节Logo

2.3.2 国内设计师的尝试

近几年来，国内的设计团队也在这方面做了不少尝试，无论是在Web端还是移动端，设计师们都试图通过各种方式制造一些小惊喜，将快乐传递给广大用户。例如，在一些重大活动或节庆日期间，许多网站的背景会更换为与之相关的图案，以营造一种节日氛围，也为平日里朴素的网页带来许多生机和乐趣，如图2-26~图2-30所示。

图2-26 腾讯"里约奥运会"主题首页

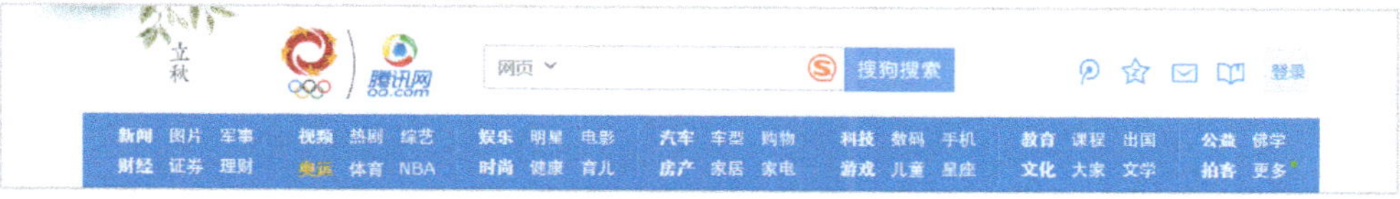

图2-27 腾讯2016年立秋首页

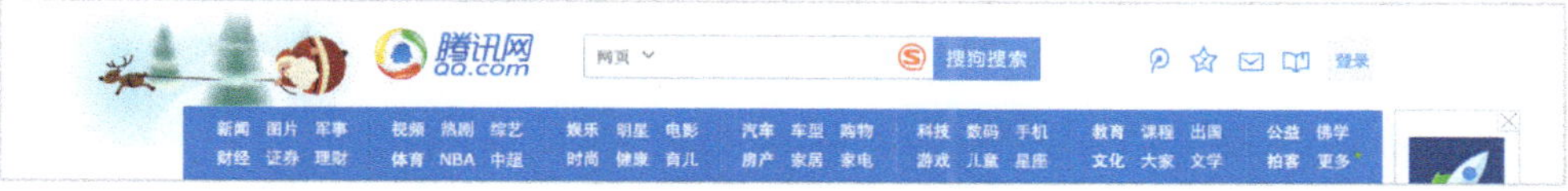

图2-28 腾讯2015年圣诞节首页

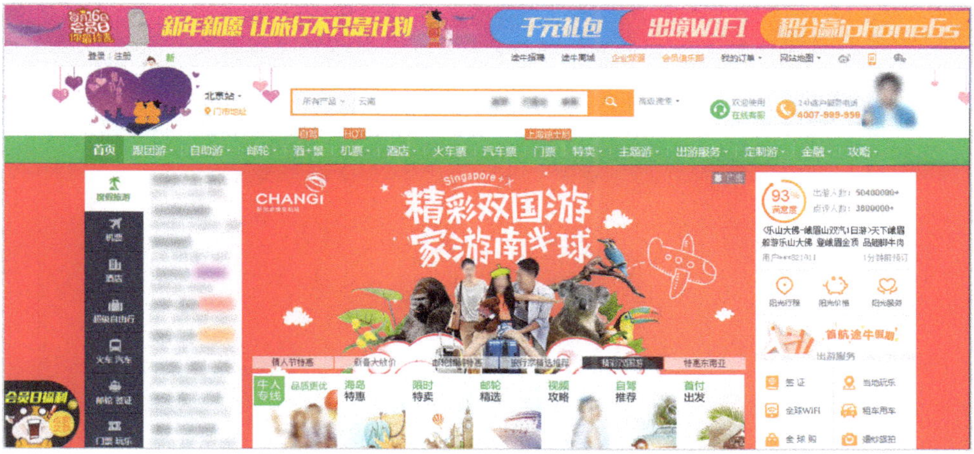

图2-29 途牛网情人节主题背景首页

图2-30 京东里约奥运会主题背景首页

　　还有一些设计巧妙地隐藏在系统之中，这里以"微信"为例。在某些特定时期发送特定词组，便会触发微信内的彩蛋或在聊天窗口中出现飘落的相关表情。例如，在中秋节期间，当发送"中秋快乐"这组词时，微信窗口便会飘落带有玉兔的小月饼图案。并且，有些词组的彩蛋是常年有效的，例如，在聊天窗口中发送"么么哒"时，会飘落亲吻的表情，发送"生日快乐"时，则会飘落许多小蛋糕等，如图2-31和图2-32所示。这些隐藏在系统里的创意小彩蛋，着实为用户带来不少的惊喜，也在一定程度上吸引了用户下载和使用，扩大了产品的用户群。

图2-31 微信"么么哒"彩蛋 　　　　图2-32 微信"生日快乐"彩蛋

　　通过以上的案例分析，生活化、接地气的设计往往能够带给用户亲切感，而有些设计灵感往往来源于工作之外的生活。因此，设计师们需要保持一颗好奇心，留心身边的生活，这样才可能从中汲取许多设计方面的灵感。设计不应该是冷冰冰的、单调的，让用户在设计中找到乐趣，爱上设计，是设计师不断追求的目标。

2.4 渐进式创新思维

　　"渐进式创新"指在产品原有基础上精准定位，局部优化、快速迭代，从而达到"量变产生质变"的效果。而与其相对的定义是"颠覆式创新"，指摒弃原有结构、寻求全新方案，这种创新方法往往需要投入大量的人力和物力，假如最终结果不符合市场的预期，那么所做的努力将全部付诸东流，对于小成本经营的公司来说，这样的创新方式可能会为企业带来灾难性的后果，而"渐进式创新"的好处在于企业可以投入较少的成本，在这个过程中，可以随时根据市场的反馈结果调整方案，从而用最小的代价取得更好的结果。

2.4.1 产品设计中的尝试

　　得益于互联网信息的快速传播，当下生活中的多数产品性能、设计都比较接近，很难有大的突破，颠覆式的创新可遇不可求。因此，许多企业在产品研发时选择采用"渐进式创新"的方式，在细节上不断做优化，力争提升用户的使用体验，对局部做到精益求精。

　　目前，关于"通过局部创新来达到质变"的产品案例有很多，而微信无疑是其中非常成功的一个例子。微信是一款依托互联网平台的即时通信软件，在其出现之前，人们大多采用电信运营商的短信或飞信等作为日常发送信息的工具，而微信出现之后，用户可以用较低的经济成本互相发送信息，伴随着智能手机的快速普及，微信迅速占领国内市场，并对传统电信行业造成了较大冲击。微信的第一个版本只能发送文字、图片和语音，而随着3G、4G网络的普及，微信团队开始对文件压缩技术进行不断改进，让用户可以用更少的流量发送图片和视频，随后，微信陆续加入语音、视频通话和二维码等功能，使这个原本功能单一的应用变得日趋完善，如图2-33所示。

图2-33　微信聊天窗口界面

2013年，微信推出"朋友圈"功能，基于微信本身庞大的用户量，在这个功能推出不久之后，它的热度就直逼微博，如今人们的生活更是离不开"朋友圈"了，工作间隙可以刷一刷朋友圈，心情好的时候也可以发一条消息到朋友圈与朋友进行实时分享……朋友圈俨然变成了人们另外一个社交领域。而后的微商城、微支付以及红包等功能，更是让微信的用户数量持续攀升，成为了人们手机里必不可少的社交软件之一。伴随着新生事物的蓬勃发展，必然就有旧事物的灭亡，在微信不断壮大的同时，短信这一伴随人们几十年的通信方式也渐渐走向了末路，如图2-34所示。

图3-34 微信钱包功能

微信的成功告诉我们一个亘古不变的真理——大道至简。非常多的企业在产品研发的初期就为产品规划了许许多多的功能，人力物力太过分散，导致最后产品中的每个功能都只是勉强及格，这显然不符合当下用户的需求。聪明的企业往往会在产品上做减法，集中精力做好一件事就够了，而对于设计师来说，这个道理同样适用。

有的设计师说："无论是Photoshop、Illustrator还是Flash，每个软件我都了解，除此之外我还想学动效、原型图制作等，我想做一个全能型人才。"保持强烈的求知欲固然是设计师应当具备的素养，但是应当从自身的实际情况出发，与其对每个方向都是一知半解，不如在精力有限的前提下，付出百分之百的努力，在某一个方向上做到专业和极致，而当下所推崇的"工匠精神"也是同样的道理。

2.4.2 设计中的迭代

从设计的角度来说，用户长时间使用某个产品，会对产品的界面布局、使用功能产生习惯和依赖，假如新的设计方案完全摒弃原有的产品形式，就有可能破坏用户固有的使用习惯，此时用户需要经历重新学习的过程，这也会令用户产生反感，更甚者会造成用户的流失。而"渐进式"的创新可以避免用户在新版本更新后产生不适感，给用户更多缓冲的空间。

设计上的创新并非是要完全颠覆之前的模式，创造完全不同的产品，创新的目的是解决当下存在的问题和矛盾。例如，在大多数的网站布局中，轮播幻灯会放在第一屏的左上角位置，这也是用户视觉浏览路线的起始位置，这样的设计样式是当前大多数网站默认的一种设计方式。对于一个多年浏览网页的老用户来说，假如硬要改变原有的使用习惯，那么在使用过程中，就会产生视觉上的不适感。在创新的过程中，设计师应当充分尊重用户的使用习惯、逐渐过渡，这就是之前所提到过的"以用户为中心"的设计思维，如图2-35和图2-36所示。

图2-35　左侧显示的轮播幻灯片

图2-36　右侧显示的轮播幻灯片

设计师在工作中应当摒弃"以自我为中心"的设计思想，如"我觉得这样很好看""我认为这很炫酷"等不应该作为设计的标准，有些潮流的设计风格未必适合当前的产品，在设计的过程中应该根据产品的定位来具体分析，而不是盲目跟风，适合的才是好的。

2.5 细节决定成败

2.5.1 细节习惯的养成

人们常说："细节决定成败"。的确如此，细节表现完美的产品可以给人以专业、严谨的感受，细节把握到位的产品会更受用户的青睐。提到"严谨"这个词，人们可能会想到德国、日本等这些国家的产品设计。随着商品贸易的国际化发展，许多人崇尚购买或者国际外购一些品牌口碑较好的商品，而这些产品的性价比往往都较高，细节处理也很到位，他们为什么能做得如此成功，是非常值得我们深思的，如图2-37所示。

图2-37 精致的发动机

许多人认为细节上的完美只针对产品，其实不然，留心观察就会发现，大多数国家对细节的追求渗透在国民生活的方方面面，例如，整洁的街道、精致的外表、讲究的衣着以及高度的社会责任感等，这些都变成了每个人生活中的习惯。因此，他们能够做出细节完美的产品也就不足为奇了。对于许多商家而言，他们经营的可能是家族式的百年老店，尽管产品有所不同，但不变的是他们都守着一样事物乐此不疲地进行制造，并不断改进，几十年如一日。也正是这种追求细节的踏实作风，让这些商家赢得了消费者较好的口碑。

除此之外，人性化设计也是好产品的重要标签，设计师们的设计依据来源于对用户使用习惯的深入研究，且许多顾客在购买比较人性化的产品时往往会发现，一般好的产品对于细节的追求往往也都是很高的。

例如，在日本，许多儿童水壶都会配备一个标签，父母可以在标签上注明孩子的姓名，防止水壶在使用时被错拿。再例如，日本一些学校里的座椅后背上也会贴写着每个学生姓名的小标签，用以区分个人物品，如图2-38所示。

使用指甲刀修剪指甲时，往往指甲碎屑会到处飞溅，一方面不易于清理，另一方面也非常不卫生。而某品牌的指甲刀在设计时在外面增加了一层可收纳的外壳，剪下的指甲碎屑会落入壳中，清理时只需将指甲刀从外壳中推出倒掉即可，既方便又卫生，避免了以上所说的问题，如图2-39所示。

图2-38 带有个人信息的座椅

图2-39 防指甲屑飞溅的指甲刀

在设计中，类似以上这样注重细节的设计案例还有很多。也正是由于这样的细节把控，这些产品才能赢得人们的青睐，获得较好的口碑。对于许多企业来说，还需要不断提高服务意识，力争早日甩掉"粗制滥造"的标签，将产品做得越来越好。

2.5.2 设计中的细节体验

产品中的小细节往往能够带给用户惊喜，这些小细节也体现出了设计师们的用心，它们可以带给用户愉悦的感受。下面盘点一下那些让人觉得便捷又好用的细节体验，希望这些优秀的案例可以为设计师们带来新的设计灵感。

■ "阅后即焚"功能

"阅后即焚"这一功能在2005年左右诞生，由英国一家名为Staellium的公司研发并公布，这一功能的目的是保护用户的资料、隐私不被泄露，信息在用户阅读完的一定时间内会从通信设备上消失，目前国内也有许多软件支持这一功能，如支付宝、来往等。这一功能在推出后立即引发了用户的热情，在软件的使用过程中更多了一份趣味性，也保护了用户隐私，如图2-40所示。

图2-40 支付宝"阅后即焚"功能

■ "信息撤回"功能

使用QQ、微信和支付宝等聊天软件误将错误信息发出的时候，可以使用"撤回"功能将消息撤回处理。但是需要注意的一点是，这里所说到的"撤回"功能一般是有时效性的。如微信设定在信息发出的2分钟之内可以使用该功能，如果超过了系统规定的时长，则是无法实现撤回功能的，如图2-41所示。

图2-41 微信"撤回"功能

■ "单手操作"功能

许多使用iPhone手机的细心用户会发现，在iPhone 6及其之后的版本中，手指双触home键的时候，当前屏幕会向下呈"半屏"状态，而这便是苹果公司推出的"单手操作"功能。在iPhone 5推出时，有许多用户抱怨屏幕的尺寸过大，且iPhone 6和iPhone 6 Plus在iPhone 5的基础上又进一步放大了屏幕的尺寸，当需要单手操作时，拇指很难单击最顶部的区域，通过双触操作触发屏幕下拉，便解决了因为屏幕过大而带来的操作困难，如图2-42所示。

图2-42 iPhone"单手操作"功能

▪ "双击返回顶部"功能

目前市面上许多软件都支持双击屏幕顶部边缘即可返回页面顶部位置的操作功能，这个功能大大提升了软件的可操作性，用户不通过手指滑动也可以很轻松地返回页面的起始位置，这对用户来说无疑是一个比较贴心的设计，如图2-43所示。

图2-43 许多APP开始支持双击"返回顶部"功能

细节上的设计还有非常多的例子，这里只列举了一些生活中常用的功能。细节是构成每个产品的基本元素，这些细小的构成，向用户展示了产品设计中的人文关怀。智者善于以小见大，希望每个设计师都能关注那些看似微不足道的部分，完善设计中的每个环节，做到真正意义上的精益求精。

↗ 小结

在网页设计中，用户体验至关重要。首先，如何让用户在浏览过程中获得赏心悦目的视觉体验，是网页设计师首要考虑的要素。其次，在浏览过程中要让用户感觉流畅、无障碍，简言之，就是要看着舒服，这就需要网页设计师具备一定的功力。只要留心观察生活中的各种情境，多思考解决的方法，就会真正懂得用户体验的意义，这不仅对设计工作大有益处，也是提高设计技巧的重要方法。

第3章
网页设计中的配色

色彩，是这世间最美妙的事物之一，大自然中的色彩无穷无尽，无论是姹紫嫣红还是红装素裹，都能让人产生不同的心理感受，或静谧，或欣喜。而在网页设计中，色彩的应用至关重要。用户在使用网页功能之前，首先关注的正是网页设计的配色，它能带给用户最直接的视觉刺激，也会在一定程度上影响用户使用产品时的心理感受。

本章将带领读者学习色彩的分类以及色彩的三要素，为读者分析不同色彩所代表的不同情感倾向，帮助读者为不同的网页设计选择匹配的色彩。另外，本章也会总结配色的几种规律，举例说明不同配色在不同场景中的应用技巧，并推荐几种不同类别网页的配色方式，引导读者在网页设计中规范化地使用色彩，让设计更加出彩。

3.1 色彩的种类

设计作品通常由造型结构与色彩构成。色彩在设计作品中占有重要地位，它是评判设计作品好坏的重要因素，也是设计师必须要掌握的知识。色彩可以影响用户使用产品时的视觉体验，色彩可以传递产品设计理念，为产品增添价值，而色彩的运用是设计师功底的体现，也是区分设计师优秀与否的关键因素。

在日常生活中色彩种类繁多，而现代色彩学主要将色彩分为两大类，即无彩色和有彩色。

3.1.1 无彩色

无彩色指除彩色外的其他颜色，明度从0-100，彩度接近0，无彩色系包括黑、白以及各个明度的灰，无彩色的变化主要表现在明暗上，如图3-1所示。

图3-1 无彩色

无彩色在设计中的地位非常重要，通常起到调和其他色彩的作用。黑色与白色是无彩色系中的两个极色，白色常给人以纯净、明朗和轻快的感觉，同时象征着清静和圣洁，如图3-2所示。

黑色给人以肃穆、内敛和庄重的感觉，黑色有其特殊的情感渲染作用，因此在使用时应注意场合及用户的心理感受，如图3-3所示。

图3-2 白色：纯净、圣洁

图3-3 黑色：肃穆、庄重

3.1.2 有彩色

带有某一种标准色倾向的颜色，被称为有彩色。光谱中的所有颜色都属于有彩色，因此，有彩色是无数的，它包括除无彩色之外的所有颜色。其中，以红、橙、黄、绿、蓝、紫为基本色，基本色之间不同量的混合、基本色与无彩色之间不同量的混合，造就了无数种有彩色。有彩色具有色相、明度、饱和度之分。

3.2 色彩三要素

3.2.1 色相

色相即各种色彩的相貌称谓，色相是色彩的首要特征，也是区别色彩的标准。色相由原色、间色和复色构成。

⊙ **原色**：指不能通过其他颜色的混合调配而得出的基本色，包括红、黄、蓝，如图3-4所示。

⊙ **间色**：也称第二次色，它是由三原色中的某两种原色混合得出的颜色，如图3-5所示。

⊙ **复色**：指用任何两个间色或3个原色混合而成的颜色，包括除原色、间色以外的所有色彩，如图3-6所示。

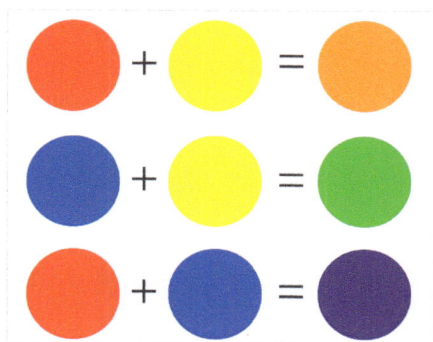

图3-4 原色

图3-5 间色

图3-6 复色

3.2.2 明度

明度指色彩所具有的亮度和暗度。它取决于反射光的强弱，强度越大，对视觉的刺激就越大，看上去越亮，明度也就越高，如图3-7所示。在反射光强度相同的情况下，不同的颜色明度也不同，其中黄色明度最高，紫色明度最低，红、橙、蓝、绿的明度接近。

图3-7 色彩的明度

3.2.3 饱和度

饱和度指色彩的鲜艳程度，也称色彩的纯度。饱和度的高低取决于该色中含色成分和消色成分的比值大小，含色成分越大，则饱和度越大；消色成分越大，则饱和度越小，如图3-8所示。

图3-8 色彩的饱和度

3.3 色彩的情感

色彩的情感是指某种颜色被大脑识别后，通过一系列的相关联想所产生的心理反应。不同的色彩会使观者产生不同的心理感受，且每种色彩都有其独特的寓意。色彩会增强产品的感染力，提升产品形象。色彩还具有区域性，不同地区的人们对色彩有不同的情感。例如，中国人特别喜欢红色和黄色，红色是办喜事的常用色，而在古代，黄色多为帝王所用，因此黄色对于古人而言象征着高贵吉祥；沙特阿拉伯人则喜欢白色和绿色，忌讳黄色，因为对他们来说，黄色意味着死亡；而在尼日利亚，红色则被认为不祥。因此，在色彩的使用上设计师需要针对特定的用户人群，根据用户的日常使用习惯进行相应的调整。

下面以中国人的使用习惯为例，来分析不同色彩带给用户的心理感受。

3.3.1 红色

红色醒目度极高，同时能给人带来强烈的刺激感，常会令人联想起火焰、太阳等，寓意喜庆、祥和、愉悦、平安、富贵、忠诚、热烈、温暖、性感等。红色"醒目度高"的这一特点，使其常被用在需要警示、提醒的场景当中，如刹车灯、消防栓以及信号灯等，便于人们快速辨识，并引起注意，如图3-9所示。

图3-9 红色在生活中的应用

红色在网页设计中较少大面积使用，因为红色会造成用户视觉疲劳，长时间的视觉刺激易使人产生烦躁情绪，这也是办公环境中避免大量使用红色调的主要原因。但从另一方面来说，红色的强烈冲击会刺激用户的购买欲，因此红色常被用作节日类、购物类网页的主色调，如图3-10和图3-11所示。

图3-10 韩国圣诞节促销海报

图3-11 韩国游戏专题设计

3.3.2 黄色

黄色是所有色彩中明度最高的颜色，也是暖色调的基准色之一，黄色常代表轻松、欢快、积极、富贵、充满活力等。由于黄色的明度高，所以也常被用作警示或警告标识，例如，儿童校车、足球比赛中的黄牌以及交通警示牌等，如图3-12所示。

图3-12 黄色在生活中的应用

黄色在网页设计中很常见，但由于色彩过于明亮，所以较少出现大面积使用的场景，少量的黄色点缀可以营造轻松明朗的氛围，带给人愉悦的感觉，如图3-13和图3-14所示。

图3-13　韩国儿童类网页设计

图3-14　食品展示专题设计

3.3.3 蓝色

蓝色作为冷色调的基准色之一，常能令人联想起星空、大海、天空等，因此会带给人冷静、安详、理智、严肃、广阔、宁静、安全、可信赖的感觉，并且许多国家也喜欢用蓝色作为警务系统的主色，如图3-15所示。

图3-15 蓝色在生活中的应用

在网页设计中，蓝色多用作科技、商务、企业、门户类的网站主题色，同时，因其可以为用户带来可信赖、安全、严肃的心理感受，许多防护类、航空类、支付类网页也多采用蓝色调作为主色，如图3-16和图3-17所示。

图3-16 三星手机产品展示设计

图3-17 支付宝产品推广设计

3.3.4 绿色

绿色在日常生活中非常常见，最容易令人联想起来的就是森林、草地等自然景观，因此，绿色常代表环保、自然、健康、安全、祥和、平静、舒适、友好等感受。并且在日常生活中，绿色的运用也相当广泛，较多出现在环境保护、食品等主题设计当中，如图3-18所示。

图3-18 绿色在生活中的应用

绿色在网页设计中多被用作食品、和平主题。另外，因为绿色象征着安全、可通过以及准许等含义，所以也常被用作下载按钮、信息正确的提示，如图3-19和图3-20所示。

图3-19 表单中的"验证通过"提示

图3-20 某饮品产品展示设计

3.3.5 紫色

"紫气东来"，形容好事即将发生，在汉朝刘向所著的《列仙传》中描述："老子西游，关令尹喜望见有紫气浮关，而老子果乘青牛而过也。"这便是"紫气东来"一词的由来。南北朝时创建的官员服装五色制，根据职位品阶将服装颜色分为朱、紫、绯、绿、青，到唐朝时，三品以上官员可着紫色官服，因此形容某人官运亨通时常用"大红大紫"来形容。在旧时，紫色意味着好兆头，因此紫色常代表幸运、高贵、富贵、神秘、优雅、品质等含义，它在网页设计中常被用作珠宝首饰、女性、服饰、财富类等主题设计，如图3-21和图3-22所示。

图3-21 韩国游戏专题设计

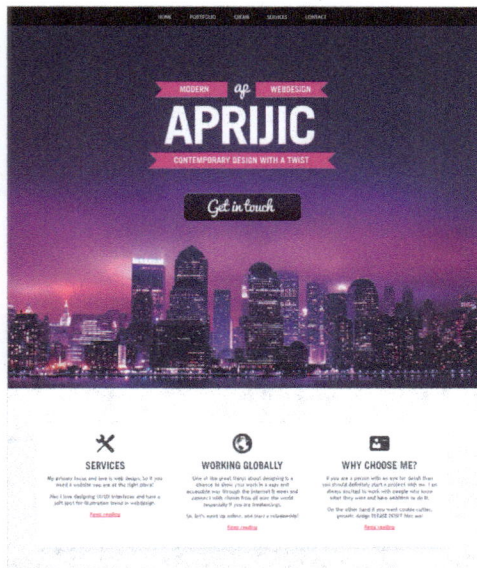

图3-22 某工作室网页设计

3.4 配色的法则

3.4.1 色彩的关系

下面通过色相环来对色彩关系进行分析。色相环指将彩色光谱中所见的长条状色谱首尾相连形成的序列，即将红色的一端与紫色的一端相连，如图2-23所示。

通过色相环，我们可以分析色彩之间的关系，并寻找配色规律。

根据色彩之间的相互作用以及不同颜色在色相环上的位置，人们用科学的方法将色彩的关系分为类似色、邻近色、中差色、对比色、互补色。

图3-23 色相环

⊙ **类似色**：色相环中相距30°的两色为类似色，两色色相接近，冷暖性一致，情感特征接近，如图3-24所示。

30°–类似色

图3-24

⊙ **邻近色**：色相环中相距60°的两色为邻近色，如图3-25所示。

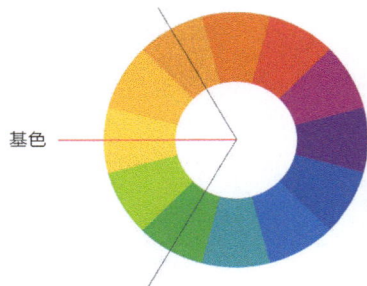

60°–邻近色

图3-25

⊙ **中差色**：色相环中相距90°的两色为中差色，如图3-26所示。

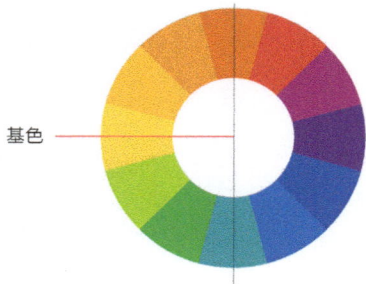

90°–中差色

图3-26

⊙ **对比色**：色相环中相距120°的两色为对比色，如图3-27所示。

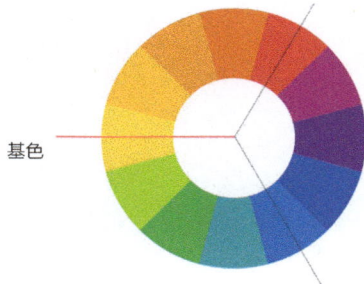

120°–对比色

图3-27

⊙ **互补色**：色相环中相距180°的两色为互补色，如图3-28所示。

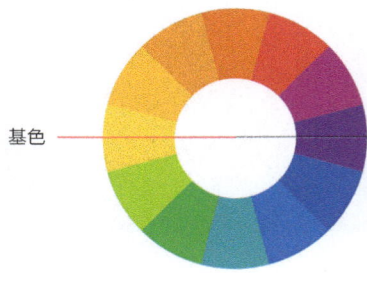

180°–互补色

图3-28

3.4.2 单色搭配

单色搭配指以一种颜色为基础，在明度和饱和度上做调整后形成的配色方法。单色搭配的好处是色彩之间视觉上不易形成较强的刺激感，看起来比较和谐，这种搭配也是网页设计中最安全的配色方法。新人在刚刚接触网页设计时，如果对配色没有把握，不妨试一下这种配色方法，如图3-29~图3-34所示。

图3-29 韩国游戏专题设计（1）

图3-30 韩国游戏专题设计（2）

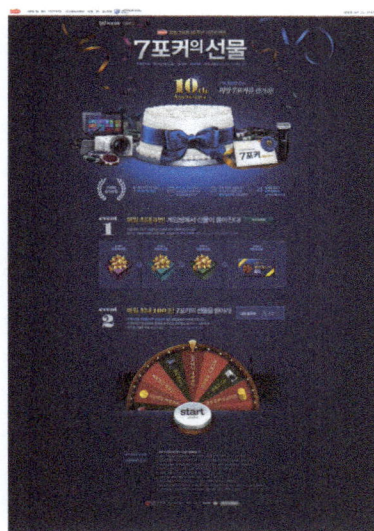

图3-31 韩国游戏专题设计（3）

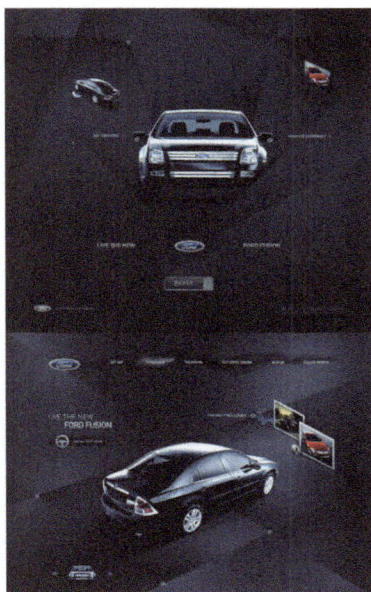

图3-32 汽车网站设计

图3-33 某饮品展示页设计

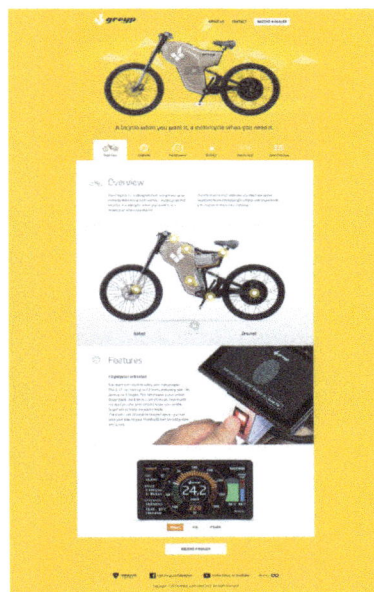

图3-34 产品展示页设计

3.4.3 类似色搭配

类似色搭配在网页中的使用非常普遍，类似色中含有相同的颜色成分，因此搭配后会显得较为协调。在运用类似色时，可以在色相环上取一个基准色，然后在基色两侧30°的范围中寻找适合主题的颜色，并且可根据实际需要调整色彩的饱和度和明度，如图3-35~图3-39所示。

图3-35　企业站设计

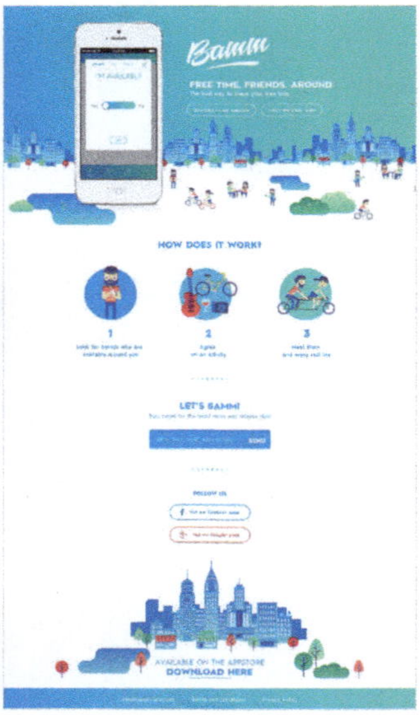

图3-36　手机APP专题设计

图3-37　品牌展示专题设计

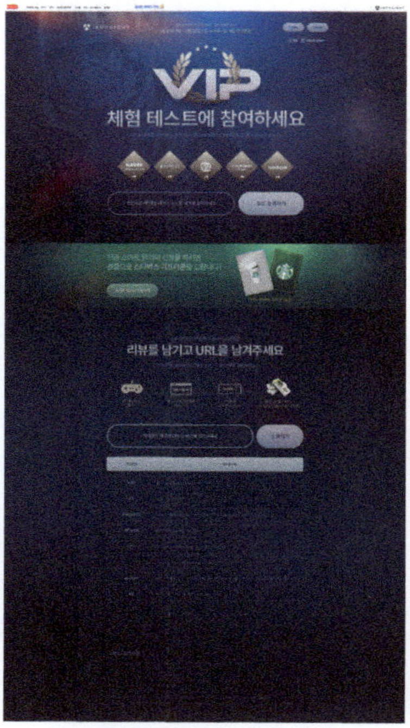

图3-38　韩国游戏专题设计（1）

图3-39　韩国游戏专题设计（2）

3.4.4 邻近色搭配

邻近色中两种或两种以上的颜色都含有相同的颜色成分，搭配时具有统一、平衡的视觉感，同时能兼顾一定程度的对比，给人以明快的感受。这种配色方式备受设计师们推崇，常见的搭配有黄红搭配、黄绿搭配、黄橙搭配以及蓝紫搭配等，如图3-40~图3-45所示。

图3-40 韩国游戏专题设计（1）

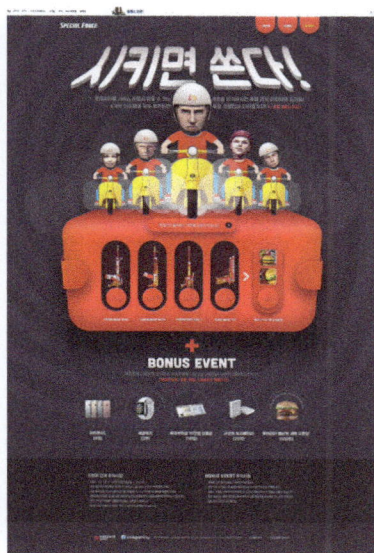

图3-41 韩国游戏专题设计（2）

图3-42 韩国游戏专题设计（3）

图3-43 品牌活动专题页设计

图3-44 食品展示专题设计

图3-45 啤酒展示页设计

3.4.5 中差色搭配

中差色的组合使视觉对比较为明显，因此在选择中差色进行搭配时应注意适当降低色彩间的对比度，否则易造成视觉疲劳感，常见的中差色搭配有蓝绿搭配、橙绿搭配和红紫搭配等，如图3-46~图3-50所示。

图3-46 游戏专题设计

图3-47 韩国游戏专题设计（1）

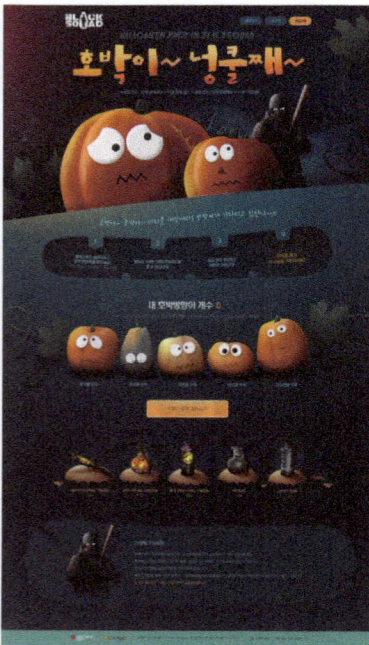

图3-48 韩国游戏专题设计（2）

图3-49 韩国游戏专题设计（3）

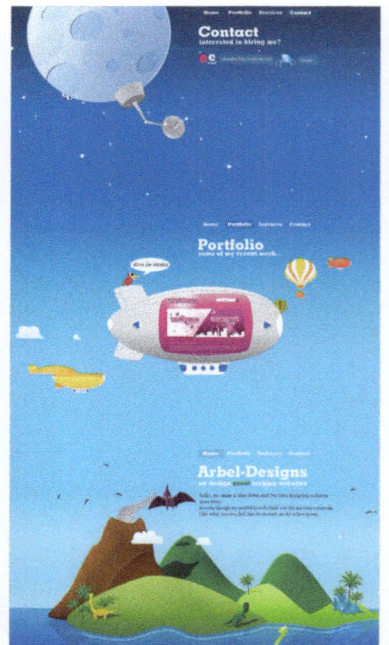

图3-50 游戏网页设计

3.4.6 对比色搭配

对比色搭配在网页设计中的使用频率极高，在色彩冷暖度上容易形成较大的对比，因此在视觉上具有强烈的冲击感。这种配色方式在商业设计中是抓取用户眼球、增强消费者购买欲的常用手法，常见配色有黄蓝搭配、红蓝搭配和橙绿搭配等，如图3-51~图3-58所示。

图3-51 韩国游戏专题设计（1）

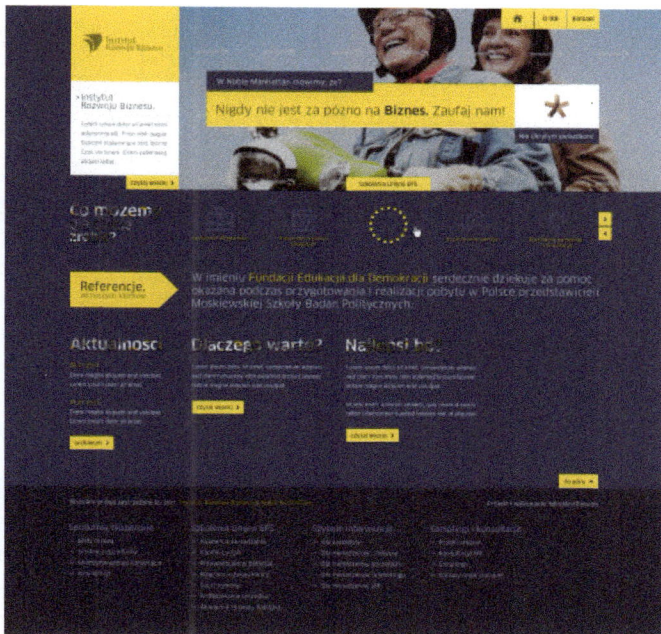

图3-52 企业网站

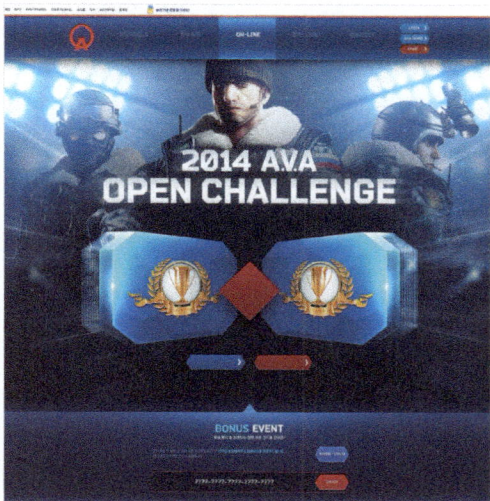

图3-53 韩国游戏专题设计（2）

图3-54 手表网站设计

图3-55　韩国游戏专题设计（3）

图3-56　韩国游戏专题设计（4）

图3-57　食品展示网页设计

图3-58　韩国游戏专题设计（5）

3.4.7 互补色搭配

互补色是色相环中对比最强烈的两种颜色，一冷一暖反差强烈，视觉冲击感达到极致，常用配色有蓝橙搭配、红绿搭配和黄紫搭配等，如图3-59~图3-64所示。

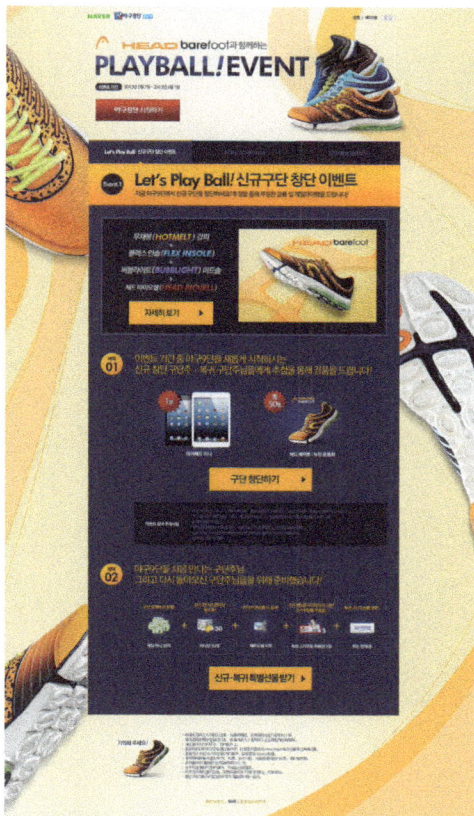

图3-59 鞋类品牌产品展示专题设计

图3-60 促销活动页设计

图3-61 韩国网页设计

图3-62 韩国游戏专题设计

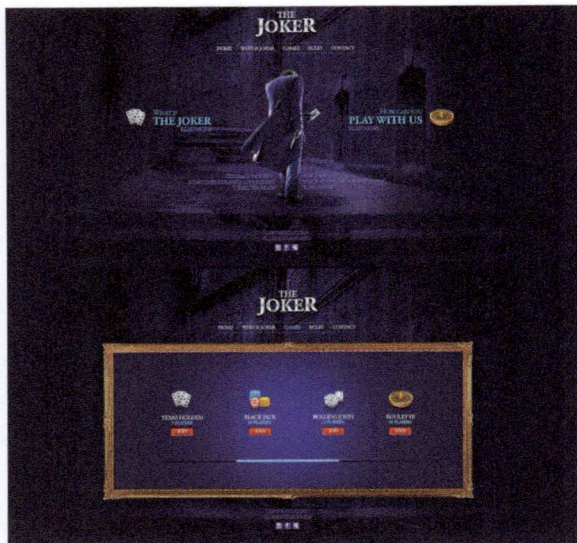

图3-63　游戏网页设计

图3-64　企业官网设计

3.4.8　色彩的对比

在网页设计中，应注意文字与背景的对比，作为信息陈列的载体，首先要确保网页中的文字信息清晰可辨，不会被背景色削弱。

图3-65和图3-66所示的左侧的文字相比右侧的文字来说，有足够强烈的对比，让用户在阅读时感觉更为流畅。左侧文字的颜色为浅黑色（#333333），这也是目前网页设计中常用的文字色值。

许多设计新人在做视觉效果图时往往喜欢将文字色值设置为纯黑色。理论上来说，黑白两色是对比的极致，显示效果应该最为清晰，但在实际应用中，过强的对比反而会使观者产生视觉疲劳感。因此，有经验的网页设计师往往会降低字体与背景的对比度，确保用户在长时间阅读时依然有舒适的视觉体验，如图3-67所示。

图3-65　色值#333333

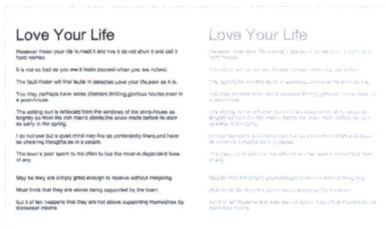

图3-66　网页字体色彩对比

图3-67　左侧为深灰色文字，右侧为纯黑色文字

在网页设计中，配色方式中最常见的还有文字与背景色彩对比不足的问题，这同样会对用户造成困扰，影响到用户体验，如图3-68和图3-69所示。

× 错误　　　√ 正确

图3-68　文字与背景的对比（1）

× 错误　　　√ 正确

图3-69　文字与背景的对比（2）

3.5 常用色彩搭配

3.5.1 商务促销类

商务促销类的网页设计多数使用暖色调，如红色、橙色和黄色等，之前的色彩情感学中讲过，红色、橙色和黄色常令人联想起火焰、太阳、节庆日等，会带给用户欢快、愉悦的心理感受。

- **红色系搭配**

红色在许多人心中有着至高无上的地位，它代表着幸福、美满、喜庆。红色也象征着热烈、冲动、炙热、激情，容易让人产生热血沸腾之感，如图3-70所示。

红色可以使页面充满活力、动感，促销类的网页设计，红色是首选色，尤其是与节日相关的促销类网页，几乎离不开红色系搭配，如图3-71和图3-72所示。

图3-70 红色：象征热烈、激情　　　图3-71 餐厅促销专题设计

图3-72 购物类banner设计

这里为读者选取了几个比较经典、常用的配色，在做练习的时候可以直接取用这些色值，当然，在实际应用中也可根据需要做相应的修改，如图3-73所示。

#e00200　　#2e2e2e　　#ffffff　　#f6f6f6

图3-73 红色系常用搭配

■ 橙色系搭配

橙色是一种充满活力的颜色，象征着青春、新鲜、活泼和热情，同样，这也是一种能让人联想到温暖舒适的色调，如壁炉中燃烧的火焰、新鲜的橙子等，如图3-74所示。

图3-74 橙色：象征温暖、热情

在促销类网页设计中，橙色除了作为与红色搭配的辅助色外，也常作为主色调出现在Banner设计中，如图3-75和图3-76所示。

图3-75 购物类banner设计（1）

图3-76 购物类Banner设计（2）

橙色系的搭配，参考了"淘宝网"的设计，为读者推荐了如下配色方案，如图3-77所示。

图3-77 橙色系配色方案

黄色系搭配

黄色，在古代常作为皇家御用的颜色，因此，这是一种象征希望、财富、收获的色调，常令人联想到向日葵、麦田、太阳和金币等，如图3-78所示。

图3-78 黄色：象征丰收、希望

由于黄色明度过高，在网页设计中需要注意控制黄色的饱和度和明度，还需要注意其与其他颜色的搭配效果，一般常与红色、橙色、褐色进行搭配，且多运用于食品类商品的促销页设计，如图3-79和图3-80所示。

图3-79 食品类促销专题设计（1）

图3-80 食品类促销专题设计（2）

黄色系搭配的网站有苏宁易购、亚马逊等，推荐以下两种配色方案，如图3-81和图3-82所示。

图3-81 黄色系配色方案（1）

图3-82 黄色系配色方案（2）

3.5.2 门户类

　　门户类网页由于其特殊的性质，在配色上大多会选择严肃、沉稳的色调，为了不对页面中大量的图片和信息造成视觉上的干扰，门户类网站的用色在饱和度和明度方面都相对较低。目前大多门户网站的用色都偏向使用蓝色调，蓝色是冷色调，具有严肃、冷静、理智的色彩心理倾向，对于多数以新闻为主打的门户类网站来说，蓝色是不二选择，如图3-83和图3-84所示。

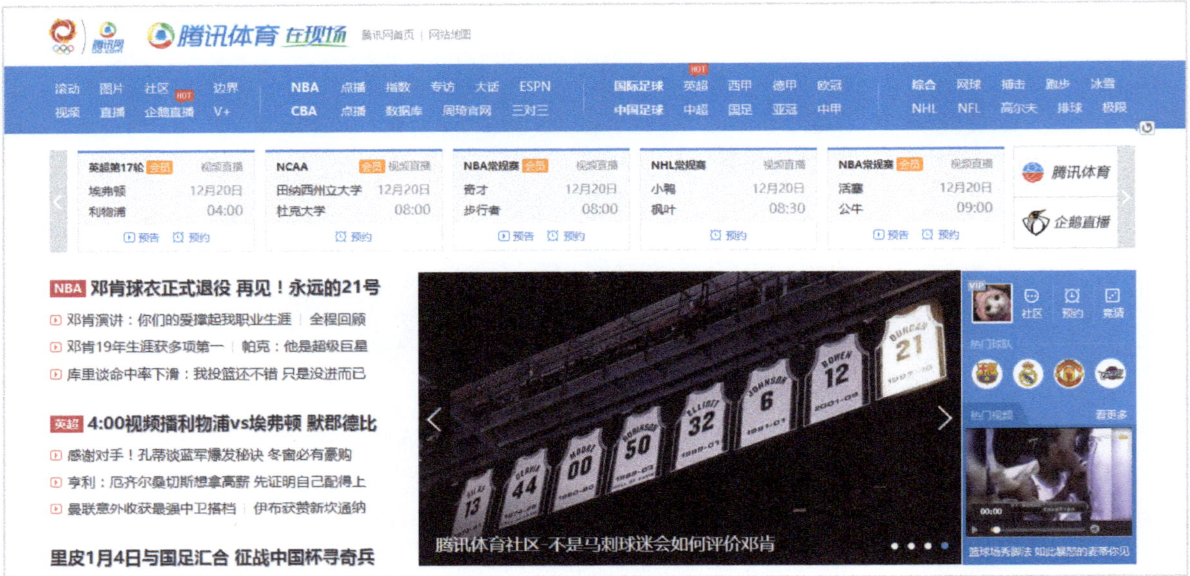

图3-83　腾讯首页效果

图3-84　网易首页效果

接下来，推荐两组蓝色调的配色方案，同时选择能与蓝色形成高度对比的橙色作为高亮提示色，如图3-85和图3-86所示。

图3-85 门户类配色方案（1）

图3-86 门户类配色方案（2）

另外，还有少数网站使用了较重色调的无彩色，如用黑色、灰色来作为主色调，搭配少量的亮色，也可以得到非常好的效果。灰色、黑色与蓝色一样，也会让人产生肃穆、沉静之感，因此比较适用于门户类网站。无彩色因为没有色相倾向，所以适合与其他任意有彩色搭配，可参考的有以下两种配色方案，如图3-87~图3-89所示。

图3-87 网易体育频道

图3-88 门户类配色方案（1）

图3-89 门户类配色方案（2）

3.5.3 儿童类

　　儿童类型的网页设计有其特定的浏览人群，主要为年轻妈妈或儿童，因此在设计时一般会添加许多带有儿童风格的素材，而充满童真、活泼的元素也深受小朋友的喜爱。在色彩的选择上，要避免过于沉重的深色调，应选择较为明亮、清新的色调，如儿童玩具的配色一般都较为活泼，且跳跃感极强，符合儿童好动、天真的特点，如图3-90和图3-91所示。

图3-90 儿童玩具配色（1）

图3-91 儿童玩具配色（2）

　　在儿童网页设计中，多采用红色、橙色、黄色、绿色、蓝色的组合，给人以积极向上、充满生机的感觉，如图3-92和图3-93所示。

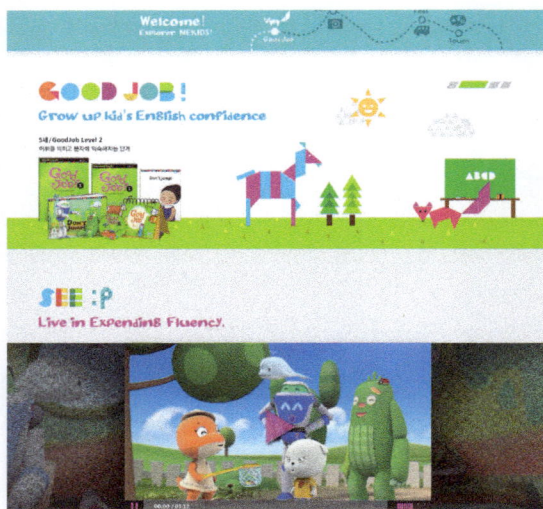

图3-92 儿童教育机构网站主页

图3-93 韩国电视台儿童频道网站主页

　　需要注意的是，在该类型的配色设计中，如无较大把握，不建议使用3种或3种以上的颜色搭配方式，避免产生视觉混乱的感觉。推荐配色方案如图3-94~图3-96所示。

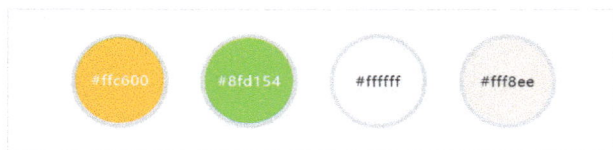

#ffc600　#8fd154　#ffffff　#fff8ee

图3-94　儿童类网站配色方案（1）

图3-95　儿童类网站配色方案（2）

图3-96　儿童类网站配色方案（3）

3.5.4　母婴类

　　母婴类的网页常见于电商设计中，如售卖奶粉、纸尿裤、婴幼儿衣物等电商网站。婴幼儿是个极为特殊的人群，容易让人联想到稚嫩的小生命，带着娇嫩与柔软，需要呵护与疼惜，如图3-97和图3-98所示。

图3-97　婴儿易让人联想起"稚嫩、柔软"（1）

图3-98　婴儿易让人联想起"稚嫩、柔软"（2）

　　因此在网页设计中，母婴类的网页设计大都采用低饱和度、低明度的组合，避免使用太过艳丽的颜色造成视觉上的刺激感，可选择粉色、天蓝色、淡黄色、草绿色等色彩搭配，给人以温柔、舒适的感觉，如图3-99~图3-101所示。

图3-99　母婴类网站配色方案（1）

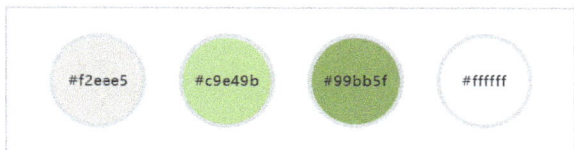

图3-100　母婴类网站配色方案（2）

图3-101　母婴类网站配色方案（3）

📤 小结

网页设计中的配色至关重要，好的配色可以为网页增光添彩，相反，毫无章法的配色方式会使网页设计变得十分拙劣。在学习网页设计的过程中，要注意多收集优秀案例，拿捏不准的配色可参照其他优秀网页设计案例，取相同或相似色来进行搭配，这样会比较稳妥，不容易出现较大失误。同时，要注意把握色彩情感在设计中的应用，根据产品的功能、用户群定位来选择符合产品特性的色彩搭配，这同样是成功的重要因素。

第4章
网页设计前的准备工作

在开始动手制作网页之前，首先要了解网页设计的标准与规范，这样才能保证设计图符合网页设计的要求。

本章将带领读者学习网页设计的基本规范，并为读者分析网页设计实际应用中可能出现的问题。在网页设计前期还需要了解整个设计的流程，包括调研、需求分析、原型图制作等，这些可以帮助读者在团队中更好地定位，明确自己的岗位职责，并配合好团队完成其他成员的工作。此外，本章还会给读者介绍网页设计的基本工具——Photoshop，并学习软件的基本用法和使用技巧。在本章结束之余，还会有关于切图方法的介绍，并且还会带领读者学习网页设计中常用的图片存储小技巧，提升工作技能。

4.1 有规矩成方圆

4.1.1 网页设计的基本规范

网页设计规范是适用于Web端的人机交互界面的标准，是每个网页设计师从业时必须要遵守的行为准则。网页设计规范的首要目的是优化Web产品、提升用户体验。同时，统一的网页设计规范可以让设计师重复利用相同模块，有助于提高设计师的工作效率。此外，遵守设计规范也有利于前端工程师、交互设计师等其他岗位之间快速有效地传递信息。上岗前熟读设计规范并牢记要点可以帮助新人快速适应工作岗位，减少出错的可能性。

■ 分辨率与尺寸

◎ 网页设计的分辨率

根据现阶段显示器的实际显示效果，在网页设计前设计师会选择"72像素/英寸"作为网页设计的分辨率标准，这样选择是因为较高的分辨率虽然会在一定程度上提升图片的显示效果，但是也会造成加载过慢、服务器超载的问题，而过低的分辨率又会影响图片的品质，使图像过于模糊。如果将分辨率按72像素/英寸这样的标准来设置，可以在保证显示效果正常的前提下，最大限度地降低图片的数据量，从而达到流畅加载和实现较优质显示效果的目的。

分辨率设置方法：在Photoshop的"菜单栏"中执行"文件> 新建"命令，在弹出的"新建"面板中将"分辨率"设置为72 像素/英寸，如图4-1所示。

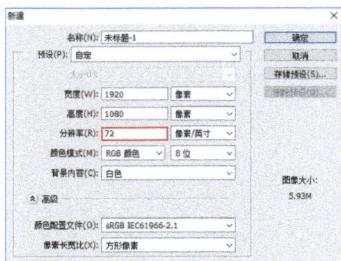

图4-1 网页分辨率设置

提示

像素，缩写为px，英文Pixel。

◎ 网页的尺寸

在2011年10月~2012年3月期间，根据百度统计给出的中国网民分辨率使用情况数据可以看出，1024像素×768像素、1440像素×900像素和1366像素×768像素的显示器是网民使用的主流，如图4-2所示。

截至2015年，大屏幕显示器的使用量逐渐上升，通过数据显示我们可以看出，尽管1366像素×768像素、1920像素×1080像素和1440像素×900像素这3种较大分辨率的显示器占据市场主流，但仍有一部分用户还是在使用1024像素×768像素的显示器，如图4-3所示。

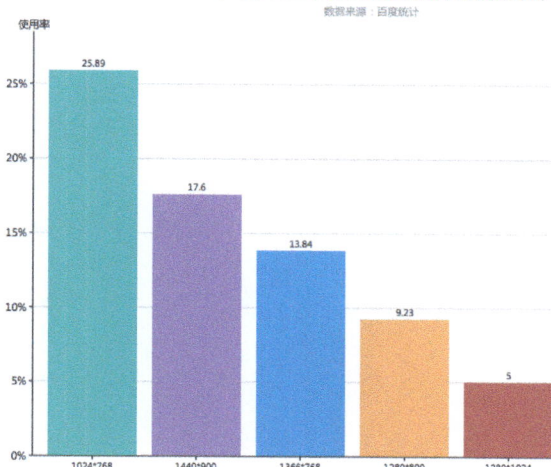

图4-2 2011年10月~2012年3月国内网民分辨率使用情况统计

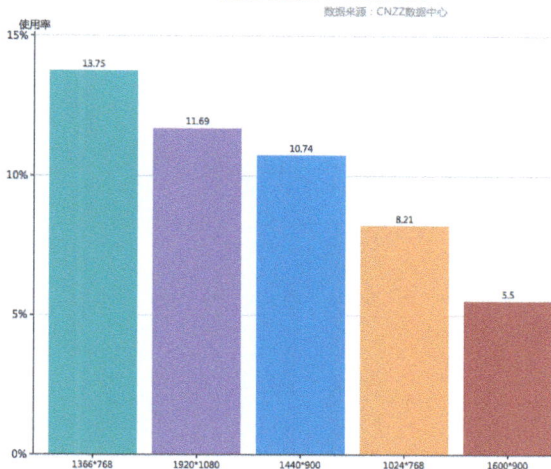

图4-3 2015年国内网民分辨率使用情况统计

在2015年之前，由于小尺寸显示器在用户群中仍占有较高比例，为了兼顾这一部分用户的浏览需求，多数网页的内容区宽度都局限在900像素~1000像素。

而随着近几年来大尺寸显示器使用率的逐步上升，为了实现更好的视觉浏览效果，越来越多的设计师选择将内容区的宽度放大。目前主流网站普遍的内容区宽度在950像素~1200像素，例如，淘宝网网页内容区宽度为1190像素，如图4-4所示；网易网页内容区宽度为960像素，如图4-5所示；腾讯网网页内容区宽度为1000像素，如图4-6所示。

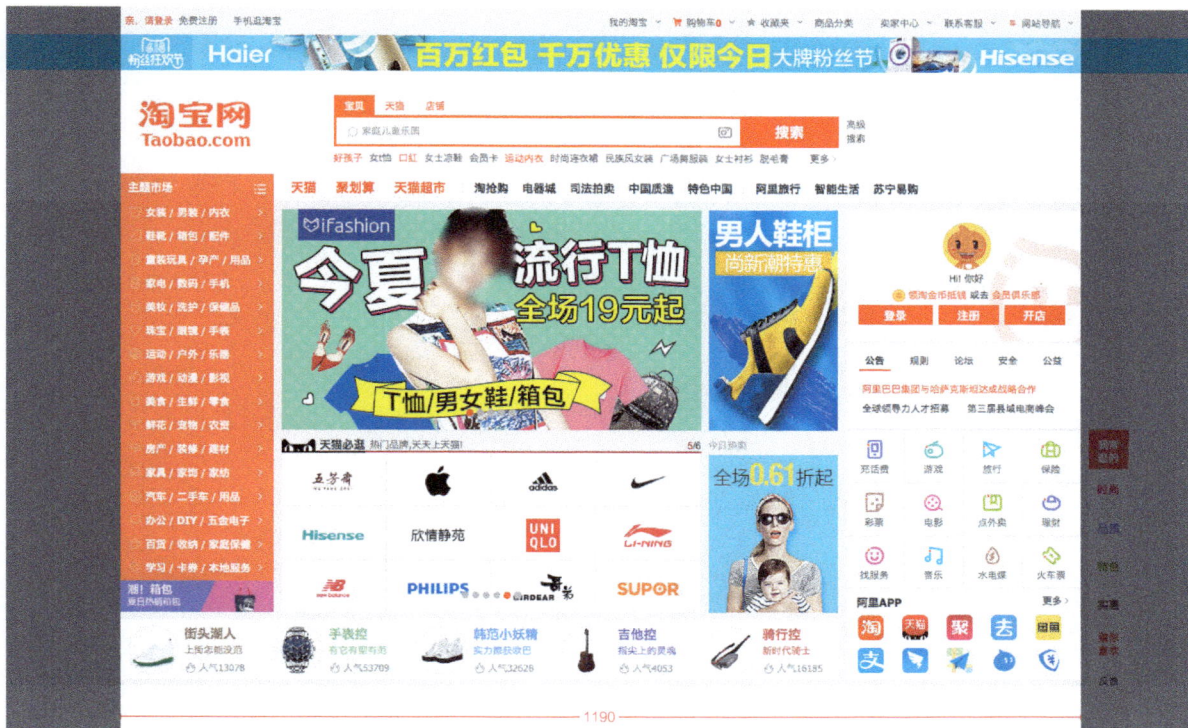

图4-4 淘宝网首页

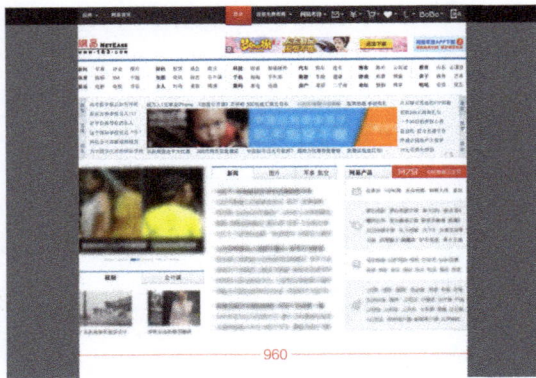

图4-5 网易首页

图4-6 腾讯网首页

那么目前应该具体采用什么宽度尺寸来设计网页呢？这里给出的建议是根据需求列表斟酌内容量的多少，同时根据需要实现何种展示效果来决定网页的宽度。

— 提示 —

对网页的宽度没有硬性要求，只要是适合的、符合规范即可，而针对初学者来说，可以参照大型网站的设计规范来做设计，那样基本不会出错。

▪ 字体的选择

对于大多数中国人来说，见过最多的字体应该就是黑体和宋体了，这两种字体是设计的基础字体，应用在生活的各个场景中。

其中，宋体源于书法体，主要特点是横细竖粗，笔画末端带有三角状装饰，字形端庄有力，常运用在文章正文当中；黑体字的主要特点是横竖均匀，笔画相对宋体较为粗壮，常用作文章标题，突出而醒目，如图4-7所示。

早在2006年Windows发布Vista系统时，微软雅黑体就已代替宋体，成为了新的系统默认字体。那么当时为何要选择微软雅黑体来代替宋体呢？原因是宋体是一款衬线字体，受到Windows平台字体渲染技术的限制，在小字号字体渲染方面表现略差，部分字号在显示时会产生锯齿、模糊等效果。而微软雅黑这款非衬线字体，笔画丰满、简洁，常用字号的显示效果相比宋体更为优秀，同时识别度更高。因此，从Vista时代起，微软雅黑体就作为Windows的系统默认字体沿用至今，如图4-8所示。

图4-7 宋体、黑体字形对比

图4-8 常规、加粗、倾斜字形对比

在网页设计中，为了保证有较好的显示效果，主要标题的字体建议使用微软雅黑体，次要标题可选用宋体，如图4-9所示。

文章的正文可选用宋体，也可使用微软雅黑体，如图4-10所示。

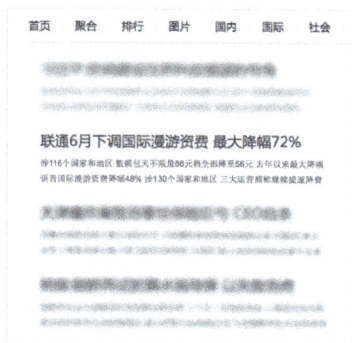 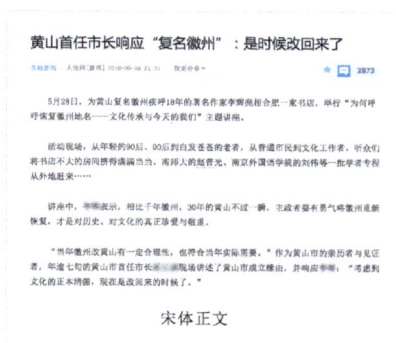 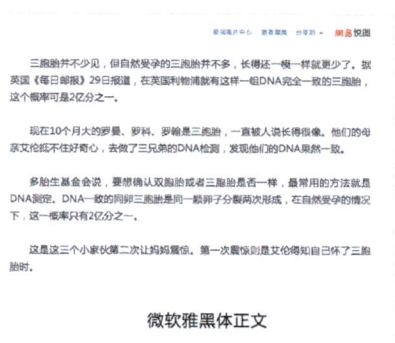

图4-9　微软雅黑体网页显示效果　　　　图4-10　宋体和微软雅黑体网页显示效果对比

此外，如果网页设计中遇到需要展示英文字符的情况，建议选择Arial、Verdana和Tahoma这几种系统默认字体，如图4-11所示。

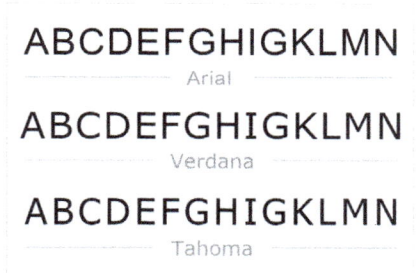

图4-11　3种系统默认英文字体

■ 字号使用规范

在网页设计中，一般选择使用双数字号，字号的大小并没有明确规定，但为了确保正常的阅读效果，在网页设计中最小的字号一般为12像素。正文常见字号有12像素、14像素和16像素；标题常见字号有18像素、20像素、26像素和30像素。

这里需要注意的是，由于显示器分辨率的不断提高，12像素的字号在大分辨率显示器中会显得较小，对用户阅读造成一定的困难。因此，在目前的网页设计中很少使用12像素的字号，网站常规正文字号普遍使用的是14像素或16像素。

各个字号下的宋体、微软雅黑体显示效果如图4-12所示。

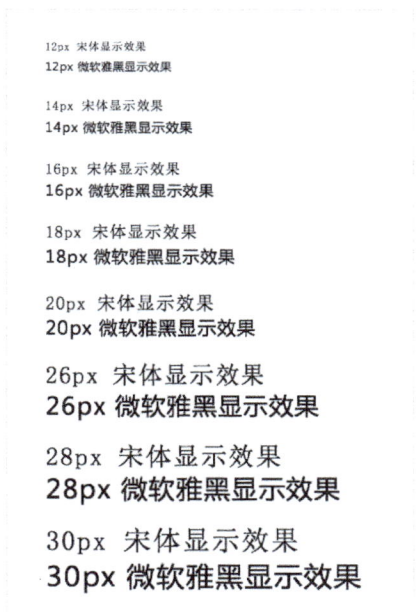

图4-12 不同字号下的字形展示

—— 提示 ——

宋体和微软雅黑字体均可以作为网页设计的常用字体。但在目前的网页设计中我们会发现，网页中基本都以微软雅黑字体为主，而宋体已不多见。具体来说，微软雅黑体相比宋体而言，少了一些装饰性，同样字号，微软雅黑体在视觉上更显粗壮有力，且辨识度更高，尤其是小字号的显示效果，微软雅黑体的视觉感会更为清晰与明朗。

网页标题如何设计看起来会比较舒服？答案是字体清晰疏阔，字号醒目易读即可。

例如，网易新闻的标题样式一般设置为微软雅黑体字体，36像素的字号，如图4-13所示。腾讯新闻的标题样式一般设置为微软雅黑体字体，26像素的字号，如图4-14所示。通过这两张图可以看出，较大字号的微软雅黑字体笔画粗壮有力，与其他层级信息形成鲜明对比，作为标题在页面中显得非常突出。

图4-13 微软雅黑字体，字号36px

图4-14 微软雅黑字体，字号26px

--- 提示 ---

如何通过选择不同的字体和字号来区分信息的层级，是设计师们最常遇到的问题，因此建议读者有时间不妨多看看同类型网站的设计，并收集一些有用的资料，相信它们会给你的设计带来一些新的启发。

■ 段落、行间距规范

阅读是用户在网站上获取信息的重要方式，阅读体验的好坏直接关系到用户对产品的印象，作为信息展示的主体，漂亮的文字排版和巧妙的留白都能为整个网页增色不少。在网页设计中，文字排版的要点分为两个方面，即段落和行间距。

◎ 段落中"行长"与"对齐方式"的设置

行长：主要指段落文字的宽度，如图4-15所示。

通常情况下，行越长，行间距越大，否则用户在阅读时很容易串行。在网页正文中，汉字一般以每行显示30~40个字为宜，英文一般以每行显示40~70个字母为宜。

图4-15 行长

段落：对齐方式主要有4种，包括左对齐、右对齐、居中对齐和两端对齐，如图4-16所示。

在国内，大段文字的设计，多数设计师会根据中国用户的阅读习惯，将对齐方式设置为左对齐。

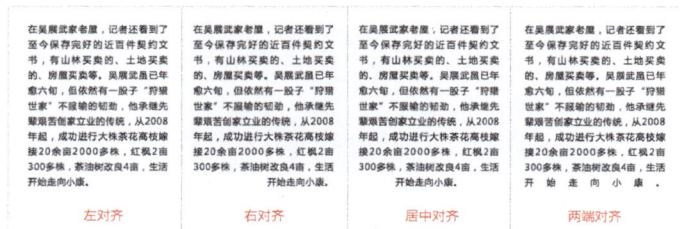

图4-16 段落对齐方式

◎ **段落中"行间距"的设置**

行间距：指段落中行与行之间的距离。

行间距作为段落中的留白，让字与字之间有了可呼吸的空间。过小的行间距会使页面变得拥挤不堪，增加用户错读的可能性。而过大的行间距则会占用大量的页面空间，缺乏美感。选择适当的行间距不仅可以提升文字的易读性，也可以最大限度地利用好页面空间，如图4-17所示。

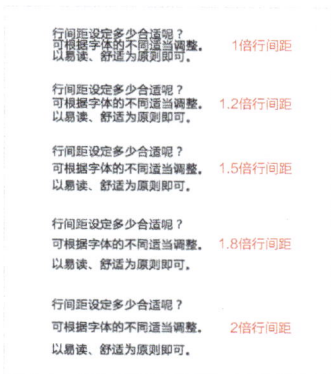

图4-17 行间距的设置

传统中文文档默认行间距一般为1.5倍，在现阶段的网页设计中，汉字一般使用1.8~2倍的行间距，如图4-18所示。

英文段落一般选择1.5倍行间距，如图4-19所示。

图4-18 不同数值的中文行间距　　　图4-19 不同数值的英文行间距

4.1.2 网页设计的标注规范

在设计的日常工作中，设计师与前端开发人员的对接关系往往非常紧密，而设计图的标准化标注可以提高前端开发人员的工作效率。

效果图的标注一般包括以下3个部分。

⊙ 页面中控件的颜色、尺寸、交互效果（如按钮、表单等）。

⊙ 字体颜色、字号。

⊙ 页面中各个模块的尺寸和间距。

在效果图标注中，应特别注意以下4个问题。

⊙ 保证标注的文字清晰易读。

⊙ 标注所使用的颜色应与背景色区分。

⊙ 标注应尽量在空白区域，不要对原图造成视觉干扰。

⊙ 标注信息应条理清楚，同一模块的标注应摆放在同一位置，适当留有间隙，方便开发人员阅读。

下面，我们来看一张视觉设计稿的标注效果图，如图4-20所示。

图4-20 视觉效果图标注

标注工具有很多种，这里推荐使用MarkMan（马克鳗），MarkMan支持Windows和Mac双系统操作，界面简洁，使用简单易操作，非常适合设计初学者使用。

MarkMan界面效果如图4-21和图4-22所示。

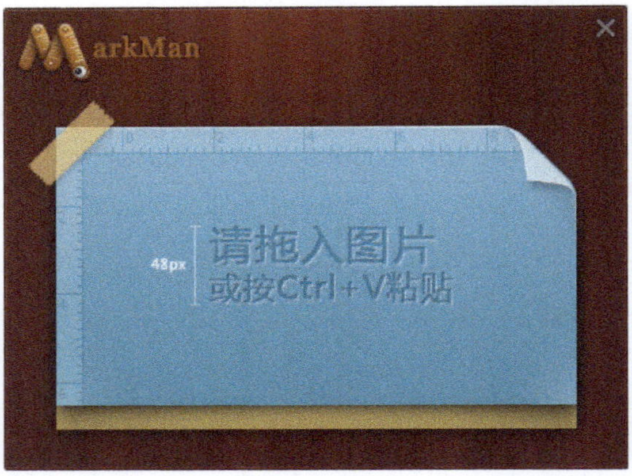

图4-21 MarkMan启动界面

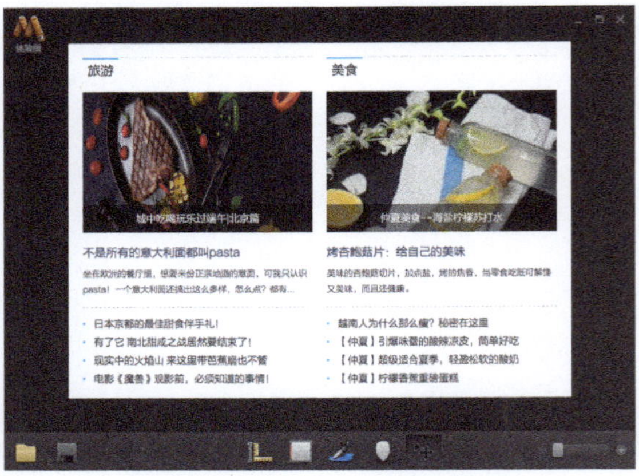

图4-22 MarkMan操作界面

提示

在进行网页设计时，网页设计师必须熟读网页设计的原则和规范，且一切设计必须依照规范来进行。目前遵循的网页设计规范都是经过科学论证和用户调研得出的。随着科学技术的不断发展，这些规范可能需要与时俱进，但是对于现阶段的网页设计而言，这些符合当下用户体验的规范经验值得设计师学习和借鉴。

4.2 网页设计的流程

4.2.1 设计前期

对于很多设计新人来说，在参加工作之前，都没有真正接触过完整的设计流程，不知道从草图到一个可以实现线上展示的网站，都需要经历哪些步骤，怎样做才能让设计更贴近用户的需求以及如何才能避免频繁改动设计稿等情况。

下面将按照网页设计的常规步骤来为新人解读不同阶段的具体要求，尽管这部分的工作许多设计师并不会参与其中，但还是希望读者能对产品的设计流程有一个简单系统的了解，以更好地理顺工作思路。

■ 调研阶段

在一个产品开始设计之前，首先会由需求方发起具体要求，例如，一个专题的需求方通常是内容编辑。通俗来说，设计产品的目的就是要通过设计来解决某种问题。在需求确认阶段，用户调研是一个非常可行且能够准确了解市场需求的信息采集方式，但由于许多产品在真正投入生产之前，有非常多的不确定性，并且用户调研需要投入大量的人力物力，因此这种信息采集方式只被少数有经济实力的公司采用。

用户调研的方式有很多种，包括问卷调查、用户访谈、眼动实验以及可用性测试等。针对不同的设计目的，需要做出不同的选择，同时在选择调研方式的时候要考虑企业的自身条件。例如，眼动测试需要较为专业的设备，需要投入较多的资金，因此并不适合小型企业或者小规模的产品设计公司。而问卷调查和用户访谈则是中小型企业比较青睐的两种用户调研形式，可以通过较少的资金投入，得到最直观的用户反馈信息，如图4-23所示。

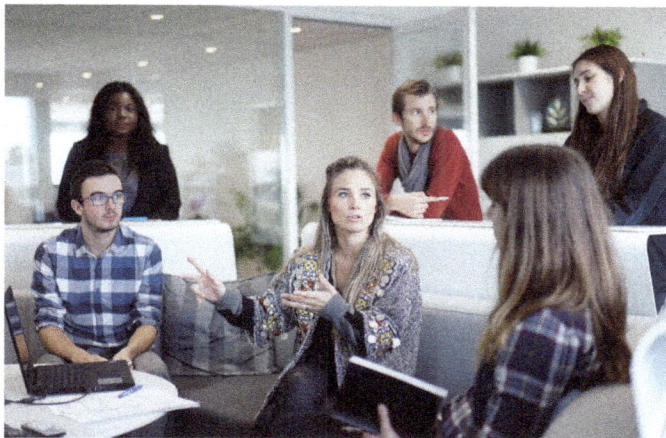

图4-23 用户调研方式：用户访谈

◎ 问卷调查

问卷调查主要是指以提问的形式收集用户信息。在调查过程中，企业一般需要将想要了解的情况编成问题，让用户通过答题的方式来发表自己的意见或建议。在问题的编写过程中，需要仔细斟酌，针对想要了解的问题进行重点提问。目前问卷调查主要分为纸质问卷和电子问卷两种形式，纸质问卷需要较高的成本来印刷、发放和回收。而相比之下，电子问卷既环保又可以节省调研成本，因此目前纸质问卷已经逐渐被电子问卷取代。

◎ **用户访谈**

用户访谈的优点是有效、直观且成本低廉。一般情况下，在用户访谈过程中首先需要通过生活化的沟通方式来了解用户的基本信息，不要使用太多专业术语，以避免沟通中出现信息不对等或难以理解的问题，这样做的好处是能营造一种和谐、舒适的沟通氛围，有助于用户表达自己的真实感受。随后，可以根据需要探讨一些当前产品中存在的问题。

在用户访谈中，主要需要注意以下3点。

⊙ 避免提出带有倾向性的问题，避免给用户带来心理暗示。例如，需要了解用户对产品某个功能的看法时，可以问"觉得××功能怎么样？"，而不是"觉得××功能好用吗？"

⊙ 尽量不要提开放式的问题，以免得到空泛无意义的答案，例如，"你觉得我们的产品怎么样？"

⊙ 通过分析调研阶段收集到的用户信息和问题反馈，可以挖掘用户的深层需求，这样有助于更准确地定位产品的功能，把握产品的方向，使之更贴近用户的需求。

■ 需求分析

通过用户调研，我们会得到许多用户建议，不同的用户建议会指向不同的需求，在这个阶段通常会遇到用户产品需求过多的问题。而这个时候首先要做的事情就是"筛选"，在筛选过程中明确哪些是用户的核心需求。

在多数情况下，一般用户花费最长时间去解决的问题即是核心需求。在这个阶段，要注意多做"减法"，尽量针对核心需求展开讨论，而这些工作通常是由产品经理来完成的。

用户需求的确认，一般需要经历以下4个步骤。

⊙ 根据用户反馈确立基本需求。从用户的众多建议中，归纳出用户的需求，初步判断需求的优先级别，即核心需求与非核心需求。

⊙ 分析需求的商业价值。对于一个商业化产品来说，其能够为企业带来多少收益是每个老板都必须要考虑的问题，不具备商业价值的产品很难长久地维持下去。因此，需求的商业价值是重点考量因素。

⊙ 评测开发成本。根据需求实现的难度来预估研发过程中所需的人力、物力和时间成本，如果某个需求的开发投入与收益不成正比，那么在制定决策时就需要三思而后行。

⊙ 确认产品研发优先级。根据产品的开发成本，我们可以确立开发工作的时间优先级。一般来说，商业价值较高的功能会被优先开发，商业价值较低的需求会被放在最后开发。

4.2.2 原型制作

■ 草图设计

在产品需求确认后，就要进入"草图制作"阶段了。

草图是创意阶段的概念性表达，凭借设计草图我们可以更好地与技术人员确定设计方案的可行性，从而避免设计出一些技术上无法实现的效果，减少后期改动的可能。草图的设计不必十分精确，线条也可以相对随意一些，因为在草图的设计过程中需要反复修改。为了保证在设计过程中可以让设计师充分发挥想象力，草图通常采用"低保真"的形式，只要表现大概的轮廓和比例即可，以免影响设计师的设计思路。

草图的绘制一般采用手绘的方式来进行，可配合一些绘图工具，如马克笔、彩铅等进行轮廓描绘、重点标注等，如图4-24和图4-25所示。

图4-24 草图绘制

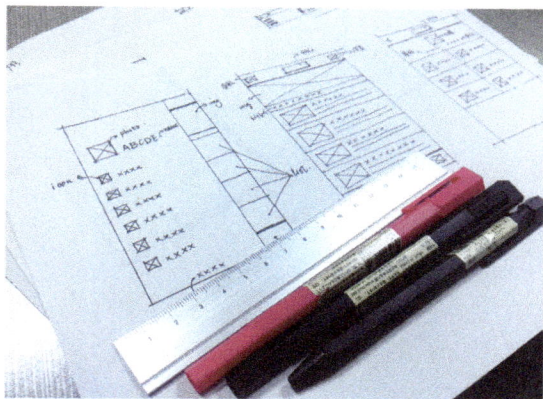

图4-25 草图案例及实用工具

提示

　　在"草图绘制"阶段，需要充分发挥创意，在草图上勾勒出一切可能的形式。同时，在草图的绘制中，应尽量避免展示过多的设计细节，如字体、字号以及颜色等，因为过多的细节，往往会让人们把过多的注意力转移到局部的形式展现上，而忽略整体的组成效果。

■ 原型图设计

　　原型图设计与制作的主要作用是展现产品界面和使用流程，有些企业的交互原型图与产品设计效果图会达到1∶1的真实比例，原型图的设计多数由团队中的产品经理或交互设计师来完成，在小型的团队或小型项目中，这一步也可能会被省略。在网页设计中，可以利用原型图模拟真实产品的界面布局和操作流程，并可以从中发现一些界面布局上的缺陷和交互逻辑上的错误，因此网页设计中的原型图主要是用来评估产品的可用性和易用性的。

　　原型图分为低保真和高保真两种。低保真原型图可以由简单的线条构成，无任何渲染效果，这种原型图的好处是制作周期较短，适用于短平快的小型项目，如一般的网页专题设计等。低保真原型图对网页设计师的思路影响相对较小，更利于网页设计师自由发挥。不过，由于低保真原型图的美观度较差，相对粗糙，因此比较适合在团队内部进行流通交流，如图4-26和图4-27所示。

图4-26 产品原型图（1）

图4-27 产品原型图（2）

高保真原型图与真实产品较为接近，界面会带有一定的设计效果，有较为严谨的交互逻辑，可以模拟真实产品的使用过程，因此制作周期相对较长。但也正因为高保真原型图过于接近真实产品，因此在产品研发的过程中，设计师们可能会无意识地模仿原型图中的界面显示效果，从而对设计师的产品造型、创意产生一些主观上的干扰。

■ 视觉效果图设计

在网页设计过程中，最后的环节就是设计师们将制作好的原型图转化为视觉效果图，此时设计师们在设计过程中应当遵守基本的设计规范，视觉效果图的设计要与原型图中的框架设计相符，并能起到很好的静态展示作用。视觉效果图与最终的产品图是完全一致的，在创作过程中应当遵循严谨的态度，认真考虑用户的使用场景以及操作习惯，不要因为设计方面的疏忽而为用户带来使用上的困扰。同时，在视觉设计图完成后，还需标注网页设计中的一些设计规范，如字号、色值、间距等，帮助技术开发人员更好地理解产品需求，如图4-28和图4-29所示。

图4-28 视觉效果图（1）　　　　　图4-29 视觉效果图（2）

以上只介绍了网页设计的一般流程，在较大的团队中，网页设计的各个阶段都由独立的人员来负责，如产品经理负责确认产品功能、制作原型图，网页设计师负责实现视觉效果图，前端开发工程师负责将视觉效果图转化为HTML网页。而在较小的团队中，网页设计师可能要负责包括产品图规划、前端代码等全部工作。

通过对本节内容的学习，希望能够帮助新人了解设计团队的工作流程，更好地适应自己的工作岗位。

4.3 网页设计的工具

4.3.1 常用软件的介绍

在网页设计中，设计师们最常用的软件是Photoshop。Photoshop自问世以来，在业内的口碑经久不衰。该软件因其强大的功能设定，几乎成为业内设计师的必备软件。Photoshop的前身是一款名为Display的程序产品，由Photoshop的主设计师托马斯·诺尔开发。而Display最初是为了辅助苹果计算机显示带灰度的黑白图像而生。在此后的一年多里，托马斯·诺尔与其兄弟约翰·诺尔（见图4-30）不断修改并增加功能，将Display变成了一款功能强大的图像编辑程序。随后，Display更名为Photoshop，并在1989年正式与Adobe公司签订合作协议。

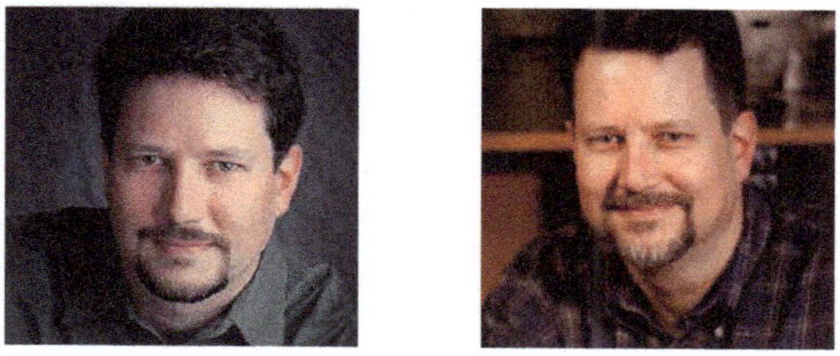

图4-30 图托马斯·诺尔（左）与约翰·诺尔（右）

Photoshop在设计领域应用广泛，从平面设计、网页设计、UI设计到摄影后期，到处都有它的身影。随着国内互联网科技、视觉创意学科的发展，越来越多的人开始学习并喜欢上这样一个神奇的工具。2015年2月19日，Adobe Photoshop度过了它的第25个生日，如图4-31所示。

2016年11月，Adobe推出了Photoshop的最新版本Adobe Photoshop CC 2017，如图4-32所示。

图4-31 Photoshop CC 2015启动界面

图4-32 Adobe Photoshop CC 2017

■ 软件版本的选择

目前最新的Photoshop版本是Photoshop CC 2017，其他使用率较高的版本有Photoshop CC 2015、Photoshop CS5和Photoshop CS6等，如图4-33和图4-34所示。

図4-33 Photoshop CS5启动界面

図4-34 Photoshop CS6启动界面

　　在网页设计前建议下载与安装最新版本，因为新版本的功能比旧版本更加全面、完善，并且对旧版本具有兼容性，且许多前沿设计教程也会应用到新版本的功能，因此在条件允许的情况下，版本越新越好。

　　此外，在软件安装时也需要考虑自己的计算机配置情况，如果当前计算机的配置不高或仅仅是想将Photoshop当作一款辅助工具来使用，可选择下载Photoshop精简版；如果在设计时对Photoshop非常依赖或有较高的软件使用要求，可选择下载Photoshop完整版。

■ 不同版本的兼容性

　　我们在Photoshop中选择保存.psd格式的文件时常会弹出如下对话框，如图4-35所示。

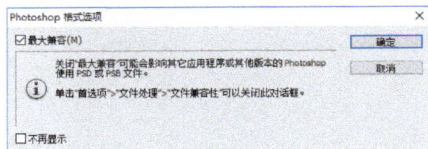

图4-35 Photoshop中的保存提示

　　而上图中所提到的其他应用程序是指除Photoshop外的Illustrator、InDesign等程序，而"其他版本的Photoshop"则是指较陈旧的Photoshop版本。选择保持最大兼容会增加PSD文件的大小，并占用更多计算机的硬盘空间。

　　那么遇到以上这种情况时该如何选择呢？可参考如下两点建议。

　　⊙ 如果该文件需交于第三方使用，请选择"最大兼容"功能。

　　⊙ 如果该文件确认只在当前计算机中使用，且确认不会交于第三方，则不必要选择"最大兼容"功能。

　　同时，在这里需要另外提醒的是，在使用Adobe Illustrator保存文件时，系统会出现一个关于保存选项的对话框，其中有关于"版本"的选择项，如图4-36所示。在具体保存文件时，建议设计师将文件保存成相对较旧的版本，如Illustrator CS4版本。

—— 提示 ——

　　在设计完成并保存文件时，之所以建议设计师将文件保存成相对较旧的版本。目的是避免使用较低版本软件的用户无法读取文件，尤其是文件需要交给第三方印刷、打印时，务必执行此步骤。

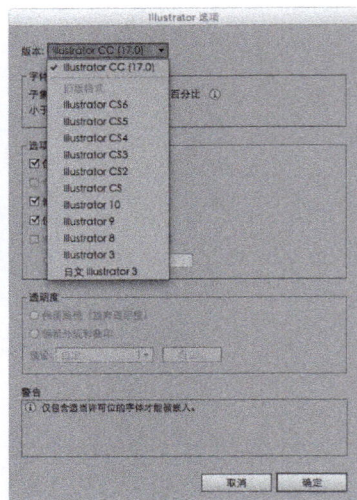

图4-36 Illustrator中的保存提示

4.3.2 软件的基本操作

■ 界面的介绍

这里以Photoshop CC版本为例，介绍一下Photoshop的界面，如图4-37所示。

图4-37 Photoshop界面

◎ 菜单栏

"菜单栏"位于Photoshop界面的最上方，包含处理图像时所需的各项命令，如图4-38所示。

图4-38 Photoshop菜单栏

"菜单栏"中的每个类目都设置有子菜单，单击子菜单中的命令即可执行相应操作，如图4-39所示。

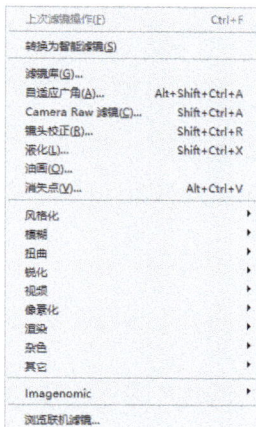

图4-39 菜单栏中选项的子菜单

◎ 选项卡

"选项卡"主要显示文件名称、文件格式、当前窗口的缩放比例以及颜色模式等信息，如图4-40所示。

图4-40 Photoshop选项卡

◎ 工具栏

"工具栏"中显示Photoshop中可用的工具及其选项，如图4-41所示。

其中，"工具栏"右下角带有三角标识的工具，均含有子菜单，用鼠标左键单击并长按或用鼠标右键单击该工具即可打开该工具的隐藏工具，如图4-42所示。

图4-41 Photoshop工具栏

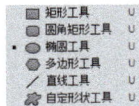

图4-42 工具栏中选项的子菜单

◎ 工具选项栏

"工具选项栏"位于菜单栏的下方，主要用于显示已选中工具的相关选项，同时可对当前工具进行参数设置，如图4-43所示。

图4-43 Photoshop工具选项栏

◎ 控制面板

"控制面板"位于Photoshop界面的右侧，可根据用户的具体工作需要自由安排面板，如图4-44所示。

Photoshop根据设计师的不同岗位需求，内置几种不同的面板组合方式，在使用时可通过控制面板上方的菜单，选择适合自己的面板组合，如图4-45所示。

图4-44 Photoshop控制面板

图4-45 不同的面板组合方式

如果Photoshop内置的工作区组合方式不足以满足设计师的需求，或是设计师需要自由组合面板，可在"菜单栏"中的"窗口"子菜单中选择需要的面板，如图4-46所示。

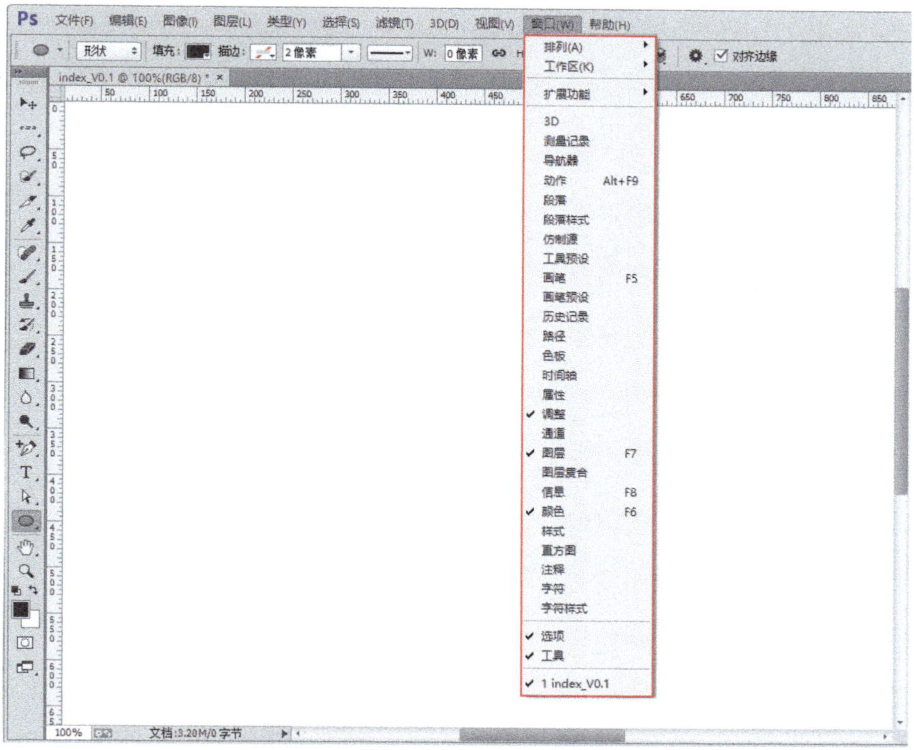

图4-46 面板的可选项

◎ **文档窗口**

在Photoshop的使用过程中，"文档窗口"主要用于显示当前打开的图像文件，如图4-47所示。

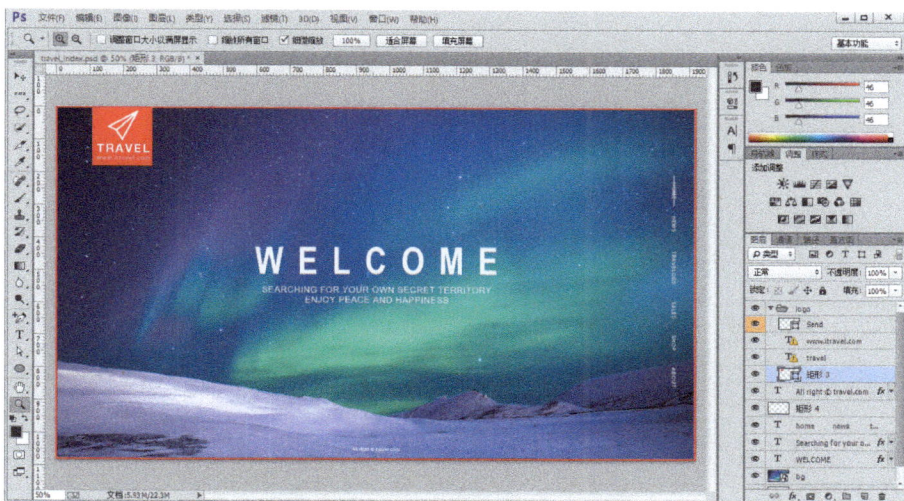

图4-47 Photoshop文档窗口

◎ **状态栏**

"状态栏"位于图像窗口的左下角，显示当前图像的状态信息，单击鼠标左键，可查看当前图像的详细信息，如图4-48所示。

同时，可以通过单击状态栏右侧的"箭头"，来切换图像的其他相关信息，如图4-49所示。

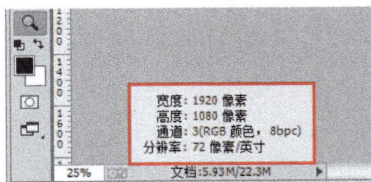

图4-48 Photoshop文档状态栏（1）　　　　图4-49 Photoshop文档状态栏（2）

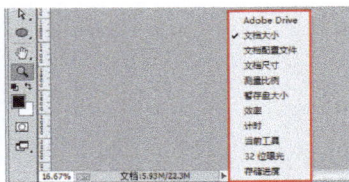

■ 常用工具的介绍

◎ 移动工具

"移动工具"主要用于图层、图层组的选择或移动，默认快捷键为V，如图4-50所示。

使用"移动工具"时，应注意查看当前图层是否已锁定，如图层被锁定，则该图层无法移动，如图4-51所示。

图4-50 移动工具　　　　图4-51 图层锁定

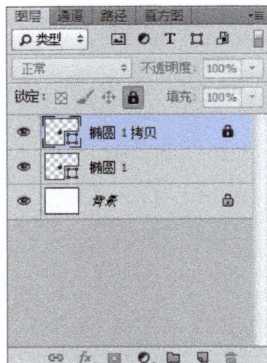

◎ 矩形选框工具

"矩形选框工具"可用作创建矩形、圆形选区，默认快捷键为M，"取消选区"默认快捷键为Ctrl+D，如图4-52所示。

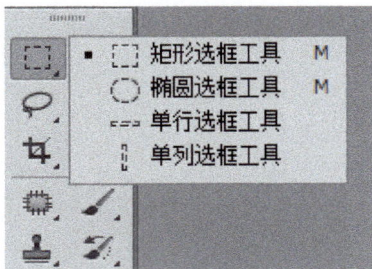

图4-52 矩形选框工具

选择"矩形选框工具" 后，即可用鼠标在画布中拖曳出任意大小的矩形选区，如图4-53所示。当选择该工具并同时按住Shift键拖曳时，则会出现正方形选区，如图4-54所示。

图4-53 任意大小的矩形选区　　　　　　　图4-54 正方形选区

提示

同理，在选择"椭圆选框工具"时，按住Shift键拖曳即可绘制圆形选区，如图4-55所示。

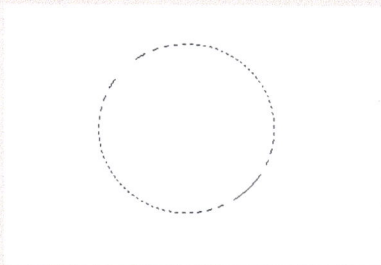

图4-55 绘制圆形选区

◎ **单行选框工具** **和单列选框工具**

这两个工具的使用方法相同，常被用来绘制1像素宽的细线选区，"单行选框工具" 用来绘制横向选区，"单列选框工具" 则用来绘制纵向选区。

选择"单行选框工具" ，单击画布中的任意区域，会出现一个1像素的横向选区，如图4-56所示。

同样，选择"单列选择工具" ，单击画布中的任意区域，会出现一个1像素的纵向选区，如图4-57所示。

图4-56 单行选框工具　　　　　　　图4-57 单列选框工具

◎ 套索工具 ⟨🔲⟩

"套索工具"⟨🔲⟩多用于选择不规则的选区,默认快捷键为L,"取消选区"的默认快捷键为Ctrl+D,如图4-58所示。

在Photoshop的使用过程中,通过"套索工具"⟨🔲⟩可以随意勾勒想要的选区,如图4-59所示。

图4-58 套索工具

图4-59 勾选需要的区域

◎ 多边形套索工具 ⟨🔲⟩

"多边套索工具"⟨🔲⟩多用作选取边缘为直线的图形,单击起始点,然后在下一个转折点继续单击,最终回到起始点位置,闭合整个选区,按Delete键可删除转折点,如图4-60所示。

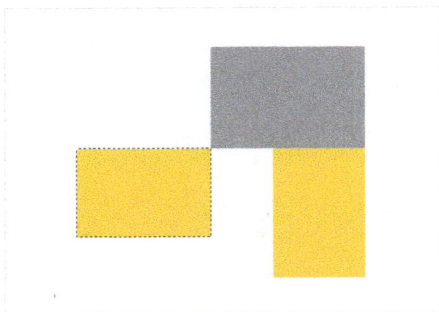

图4-60 多边形套索工具

◎ 磁性套索工具 ⟨🔲⟩

"磁性套索工具"⟨🔲⟩适用于处理边界较为清晰的图形,该工具会自动识别图像的边界,并自动附着在边界上,如图4-61所示。

图4-61 磁性套索工具

◎ **裁剪工具**

在日常工作中，"裁剪工具" 的使用频率非常高，多用来剪取需要的图像区域，或是更改图片尺寸等，默认快捷键为C，如图4-62所示。

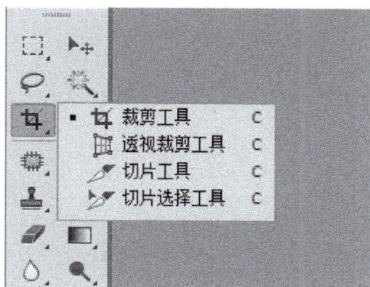

图4-62 裁剪工具

Photoshop中为用户预设了多种剪裁尺寸，用户可以根据自己的需要选择相应的比例和尺寸，如图4-63所示。

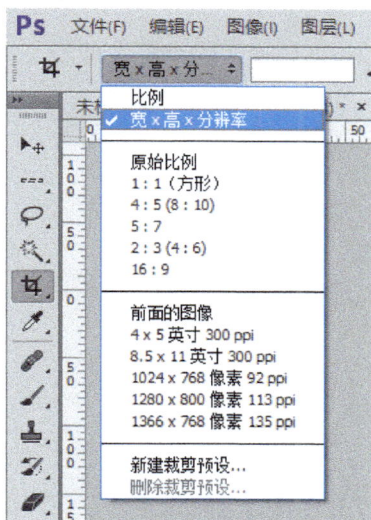

图4-63 裁剪尺寸预设

当然，Photoshop也支持自定义宽、高的设置，在操作时用户只要在"工具选项栏"中输入固定数值即可，如图4-64所示。

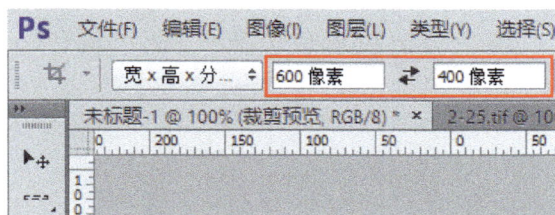

图4-64 裁剪尺寸自定义

◎ 吸管工具 🖊

"吸管工具"🖊主要用来拾取图形中某个点的颜色，如图4-65所示。

想要借鉴比较优秀的配色方案时，也可以通过"吸管工具"🖊来取色，并且吸取的颜色可以通过"拾色器"来查看，如图4-66所示。

图4-65 吸管工具

图4-66 拾色器取色

◎ 文字工具 T

"文字工具"T主要用来输入文本信息，常用的有"横排文字工具"T和"直排文字工具" IT，默认快捷键为T，如图4-67所示。

"横排文字工具"T和"直排文字工具" IT的使用方法相同，横排文字适用于现代阅读习惯，因此"横排文字工具"T使用频率最高。

通过"字符"面板，可修改文本的文字大小、行间距、文字样式以及段落样式等，如图4-68所示。

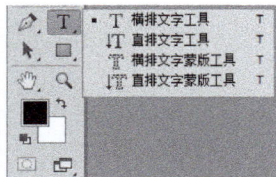

图4-67 文字工具

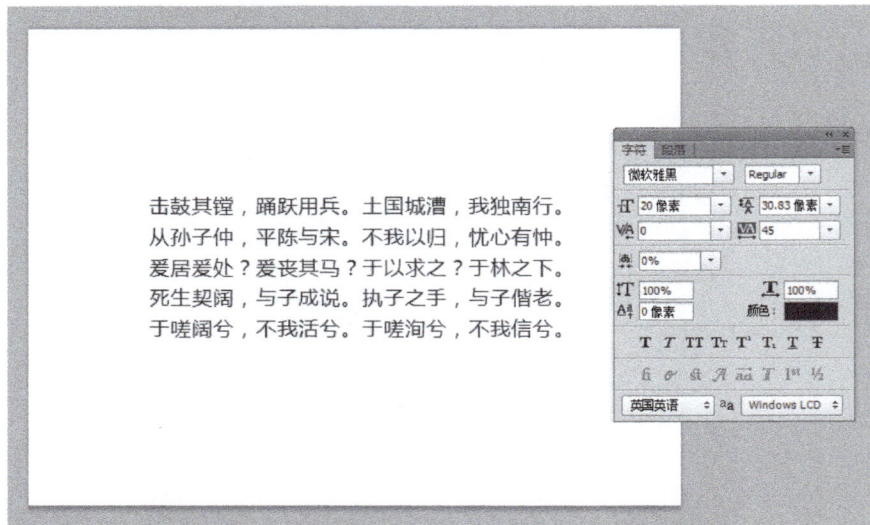

图4-68 字符与段落设置面板

◎ **矢量形状工具组**

"矢量形状工具组"主要用来绘制矢量图形，可以通过"工具选项栏"更改填充色与描边的颜色、描边样式等。这是一组非常强大的工具，在网页设计、UI设计中的使用频率极高，默认快捷键为U，如图4-69所示。

在画布中用鼠标拖曳即可绘制自己想要的图形，如图4-70所示。"工具选项栏"中预设的4种填充方式为无填充、纯色填充、渐变色填充和图案填充，如图4-71所示。

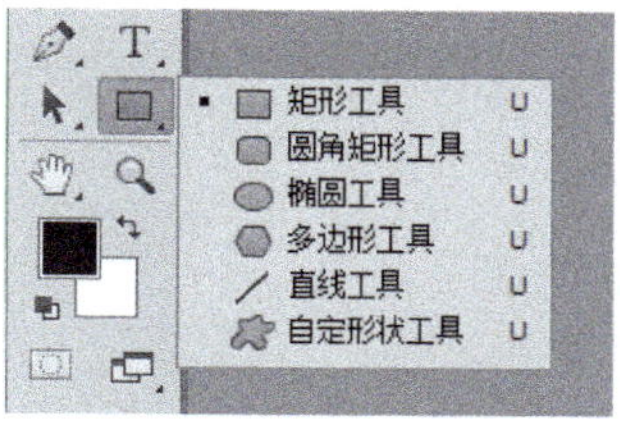

图4-69 矢量形状工具组　　　　图4-70 填充矢量图形 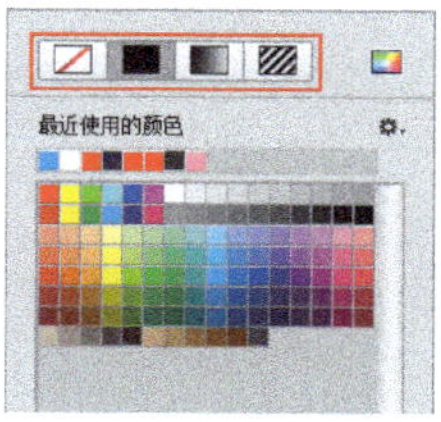　　　图4-71 填充方式选择

在形状的描边样式上，Photoshop也为用户设置了多种选择，设计中的常见样式都可以通过选项调整来实现，十分便捷，如图4-72和图4-73所示。

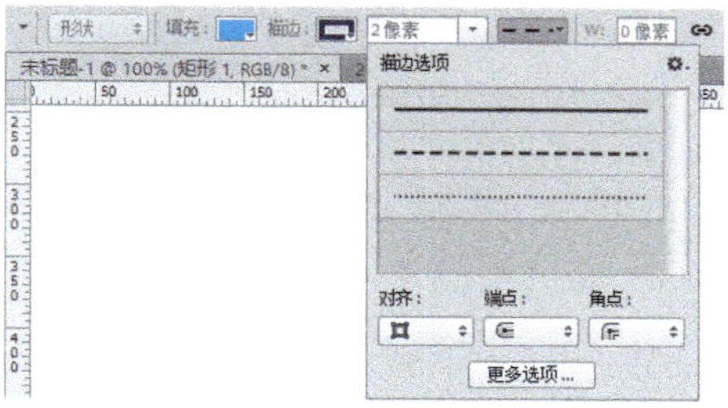

图4-72 矢量图形描边样式 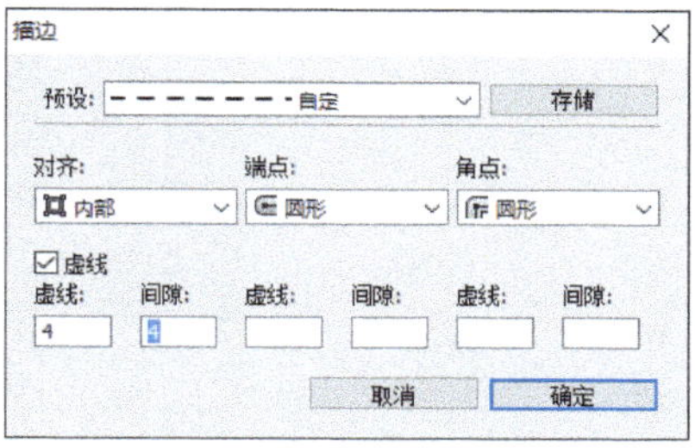　　　　　　图4-73 描边样式设置面板

━━ **提示** ━━

矢量形状的使用的最大好处是可以随时更改它的尺寸、形状、颜色以及样式等，矢量图形不受分辨率的影响，所以不必担心图形因为缩放、旋转而出现模糊、失真的现象。

■ **快捷键和组合键**

在设计工作中学会使用快捷键会大大提高工作效率。不过Photoshop中的快捷键非常多，这里罗列了一些日常使用频率较高的系统默认快捷键及组合键，设计师们也可根据自己的使用习惯来自定义快捷键和组合键。

◎ **默认快捷键**

移动工具【V】　　　　　　　　　　　画笔工具、铅笔工具【B】
矩形、椭圆选框工具【M】　　　　　　橡皮图章、图案图章【S】
套索、多边形套索、磁性套索【L】　　橡皮擦、背景擦除、魔术橡皮擦【E】
裁剪工具【C】　　　　　　　　　　　渐变工具、油漆桶工具【G】
吸管、颜色取样器、度量工具【I】　　 钢笔、自由钢笔【P】

文字工具【T】

路径选择工具、直接选取工具【A】

矩形、圆边矩形、椭圆、多边形、直线【U】

抓手工具【H】

缩放工具【Z】

◎ **默认组合键**

文件操作

新建图形文件【Ctrl】+【N】

打开已有的图像【Ctrl】+【O】

关闭当前图像【Ctrl】+【W】

保存当前图像【Ctrl】+【S】

另存为…【Ctrl】+【Shift】+【S】

存储为Web格式【Ctrl】+【Alt】+【Shift】+【S】

退出Photoshop【Ctrl】+【Q】

编辑操作

撤销操作【Ctrl】+【Z】

后退一步【Ctrl】+【Alt】+【Z】

前进一步【Ctrl】+【Shift】+【Z】

拷贝选取的图像或路径【Ctrl】+【C】

自由变换【Ctrl】+【T】

删除选中的图案或路径【DEL】

图层操作

从对话框新建一个图层【Ctrl】+【Shift】+【N】

通过拷贝建立一个图层（无对话框）【Ctrl】+【J】

从对话框建立一个通过拷贝的图层【Ctrl】+【Alt】+【J】

通过剪切建立一个图层（无对话框）【Ctrl】+【Shift】+【J】

从对话框建立一个通过剪切的图层【Ctrl】+【Shift】+【Alt】+【J】

与前一图层编组【Ctrl】+【G】

取消编组【Ctrl】+【Shift】+【G】

合并可见图层【Ctrl】+【Shift】+【E】

盖印可见图层【Ctrl】+【Alt】+【Shift】+【E】

视图操作

以CMYK方式预览(开关)【Ctrl】+【Y】

放大视图【Ctrl】+【+】

缩小视图【Ctrl】+【-】

满画布显示【Ctrl】+【0】

实际像素显示【Ctrl】+【Alt】+【0】

显示/隐藏参考线【Ctrl】+【H】

显示/隐藏标尺【Ctrl】+【R】

锁定参考线【Ctrl】+【Alt】+【;】

选择功能操作

全部选取【Ctrl】+【A】

取消选择【Ctrl】+【D】

重新选择【Ctrl】+【Shift】+【D】

羽化选择【Ctrl】+【Alt】+【D】

反向选择【Ctrl】+【Shift】+【I】

4.3.3 效果图的展现方式

设计师常会遇到为需求方展示设计稿的情况，如果此时将做完的一堆图片直接丢给需求方，难免会令人产生一种"敷衍"的感觉，如图4-74所示。

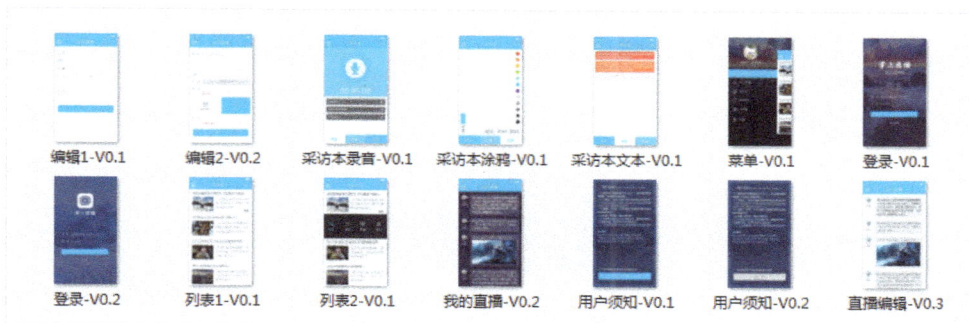

| 编辑1-V0.1 | 编辑2-V0.2 | 采访本录音-V0.1 | 采访本涂鸦-V0.1 | 采访本文本-V0.1 | 菜单-V0.1 | 登录-V0.1 |
| 登录-V0.2 | 列表1-V0.1 | 列表2-V0.1 | 我的直播-V0.2 | 用户须知-V0.1 | 用户须知-V0.2 | 直播编辑-V0.3 |

图4-74 文件夹案例展示

就以上情况，如果面对的是团队中的上司、同事，其可能会容忍这样的展示方式，但假如面对的是商业客户，那么情况可能就会变得非常糟糕，最直接的后果就是不断地修改，返工率直线上升。

那么为何这样的设计稿展示方式会令人产生"敷衍"的心理感受呢？设计师又该如何避免呢？

人们常说，现如今是一个设计当道的时代，无论是食品还是工业化产品，设计都无处不在。究其原因，可以理解为随着国家经济的持续发展和人们生活水平的不断提高，促使社会文明一步步向前，从而拉高了人们的审美层次。以前的商品，人们对于实用性的关注大于它的外观；而如今，人们在关注实用性的同时，也越来越追求产品外观上的体验，包装精美的产品会更吸引消费者的注意力，刺激他们的购买欲。对于设计师来说，这个道理是通用的，如何包装好设计稿，也是设计师必须掌握的技能之一。且更为重要的是，一个"高大上"的设计展示可以大大提升方案的通过率，如图4-75所示。

图4-75 厨卫用品展览厅

■ 模型的选择

在设计过程中，首先要选择用高品质的图片来填充效果图，尽量让它看上去精致美观，这样才能保证最终做出的展示图符合客户的预期，如图4-76所示。

图4-76 选择用清晰精致的图片填充案例

现如今，在网络上可以找到很多供展示使用的模型（mockup）资源，尽量选择质量较高、画质清晰的模型，如图4-77~图4-79所示。

图4-77 展示模型（1）

图4-78 展示模型（2）

图4-79 展示模型（3）

此外，原则上应尽量选择较新的产品模型。以"iPhone手机模型"为例，目前的最新型号为iPhone 7，那么在使用时就应尽量选择该型号的模型，保持与科技发展的一致性，也是设计中需遵循的原则。

■ 模板下载推荐网站

◎ Freebiesbug

Freebiesbug一个免费PSD资源下载平台，包括APP设计、icon设计、Web展示模板、前端代码以及字体等素材资源，如图4-80所示。

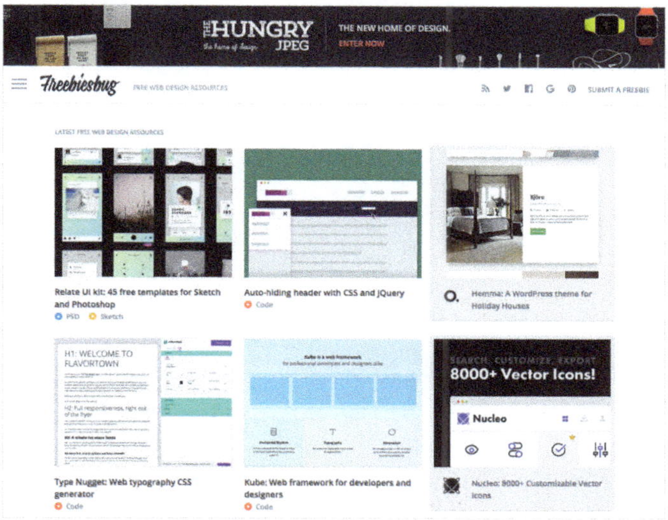

图4-80 Freebiesbug

◎ PSD REPO

PSD REPO一个大量精品PSD源文件下载平台，涵盖目前设计主流方向如icon、移动端设计、按钮设计等，且均可免费下载，如图4-81所示。

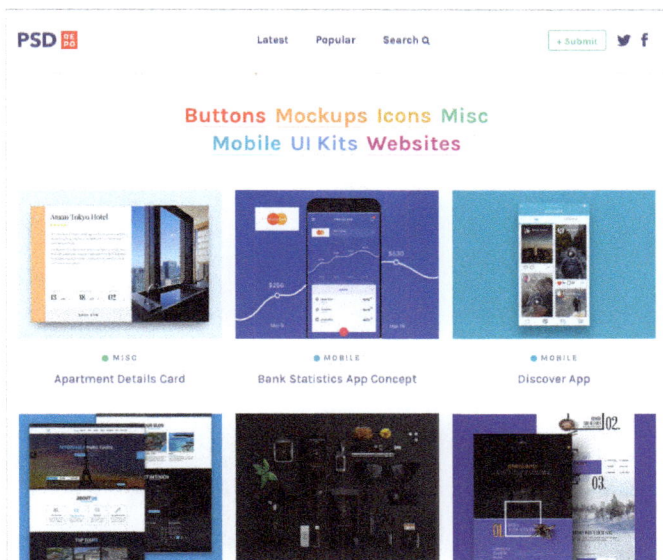

图4-81 PSD REPO

◎ 365PSD

365PSD有付费和免费两大类资源可供下载，种类繁多，方向划分较为详细，包括建筑、广告、Logo、动物等，如图4-82所示。

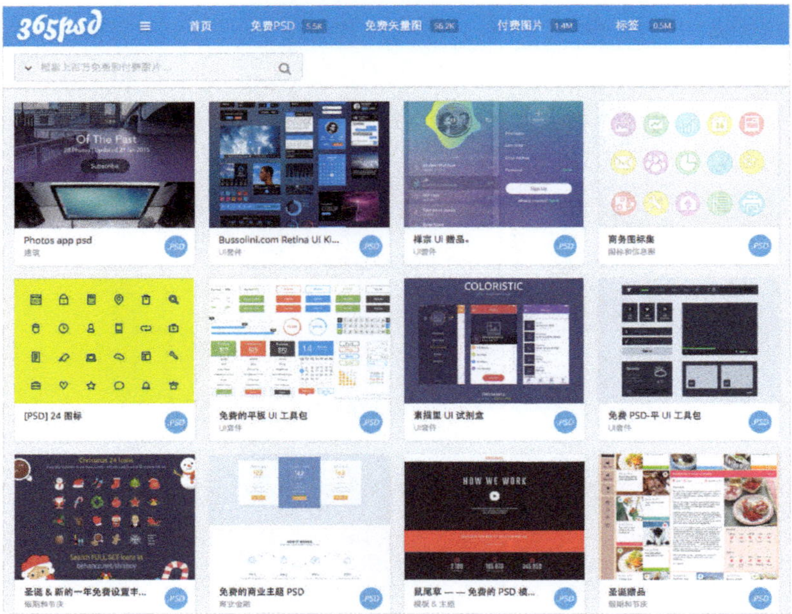

图4-82 365PSD

◎ MaterialUp

MaterialUp包含iOS、Android、Web等平台的相关设计资源，各类素材与当下潮流趋势紧密贴合，如图4-83所示。

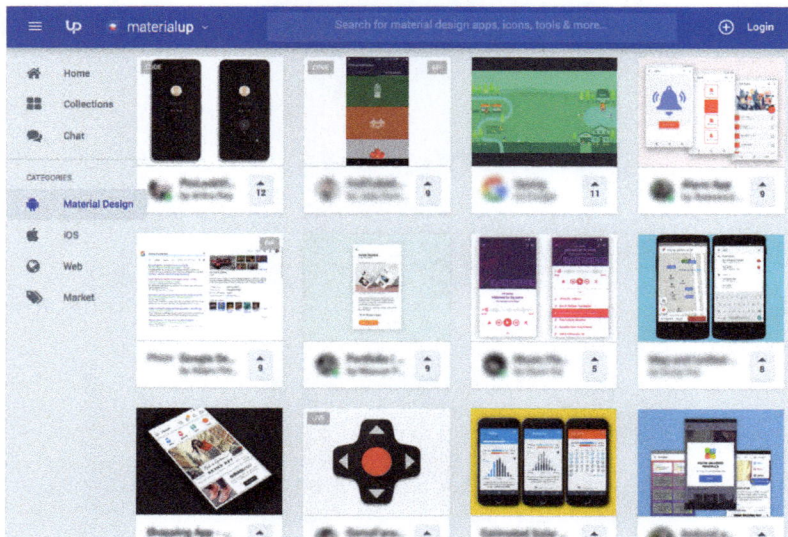

图4-83 MaterialUP

排版的技巧

在效果图的展示中，有诸多小技巧可以提升效果图展示时的视觉体验，下面就为读者一一介绍一下。

◎ 图片填充

在条件允许的情况下，尽量选择用不同的图片来填充页面，当然前提是要保证这些图片是精致美观的，如图4-84所示。

图4-84 用不同图片填充案例

◎ 字体优先级

习惯于悉心观察的设计师容易发现，许多展示图中都会使用英文字体。原因在于我们对于中文过于熟悉，看到它们的第一反应往往是去解读其含义，而忽略它本身作为图形的美感。

与此相反，日常生活中我们接触的英文相对较少，在看到英文语句时，大脑的反应并没有那么快，往往第一时间会将英文字体图形化，而非去研究它本身的含义。从另一方面来说，这也是人们普遍觉得带有英文的包装、服饰会显得更加高端的原因。

在做原型设计图时，可以选择用英文代替中文，从而使其的视觉感受更佳，如图4-85所示。

图4-85 不同字体展示效果

◎ 虚实结合

通过模型展示的效果图往往会看不清页面中的细节，因此在展示图中应穿插不嵌套模型的、带有细节的效果图，如图4-86和图4-87所示。

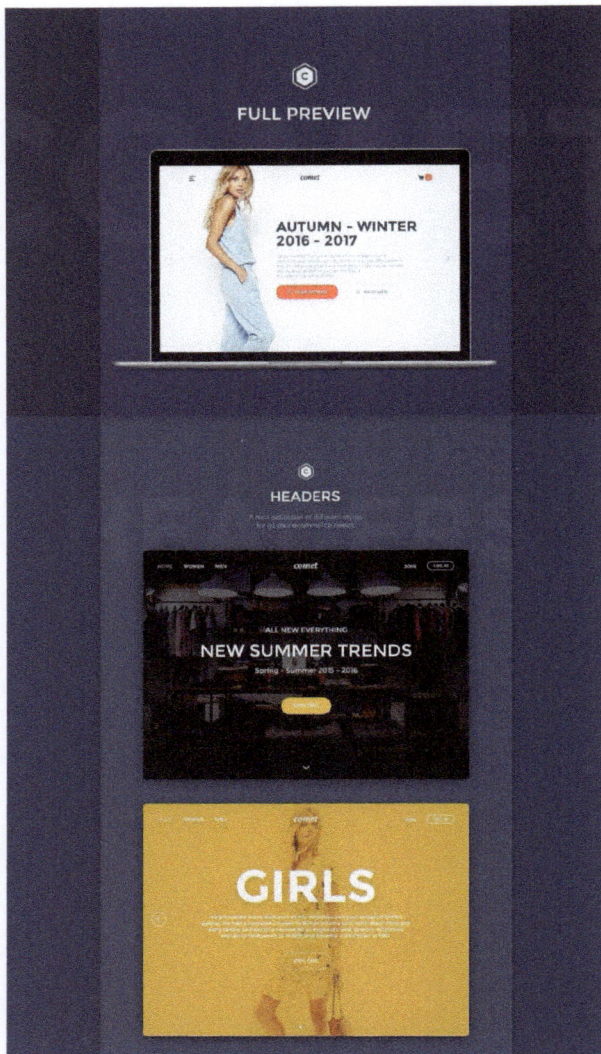

图4-86 效果图展示（1）

图4-87 效果图展示（2）

以上所介绍的这些效果图展示小技巧，均可在不改变原结构的基础上，对现有设计图加以优化，提升展示图的质量。

——— 提示 ———

在网页设计的过程中，读者可以多看、多练，借鉴优秀设计师的作品，并将一些设计手法运用到自己的作品中，从而提高自身方案的通过率。

4.4 关于切片

在网页设计后期，设计师们通常需要配合前端工程师来完成"切片"的工作。而在一般情况下，纯色的背景、描边、按钮以及一些系统自带的文字是可以通过代码来实现的。如果遇到代码无法实现的效果，如icon、Logo等制作时，就需要用到"切片工具" ![icon]。

而在"切片工具" ![icon] 的使用过程中，需要将这些图片从视觉效果图中单独分离，并将它们保存成网页格式的图片，再由前端工程师通过代码将其嵌入Html页面中，以实现要求的视觉效果。

通常情况下，使用Photoshop工具栏中的"切片工具" ![icon]进行图片的切片，默认快捷键为C。由于"切片工具"的快捷键C对应工具箱中的多种工具，所以在实际操作过程中可以通过快捷键Shift+C切换到所需要的工具（其他工具箱中的多种工具切换可使用Shift+默认快捷键），如图4-88所示。

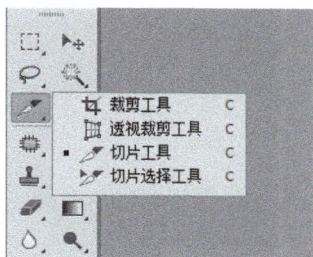

图4-88 切片工具

4.4.1 切片工具的使用方法

首先，把需要切片的设计图在Photoshop中打开，如图4-89所示。

然后，通过"放大工具" ![icon]（默认快捷键为Z）将图片调整到合适的尺寸大小，同时将需要切图的部分重点放大，如图4-90所示。

图4-89 调整图片至适当尺寸

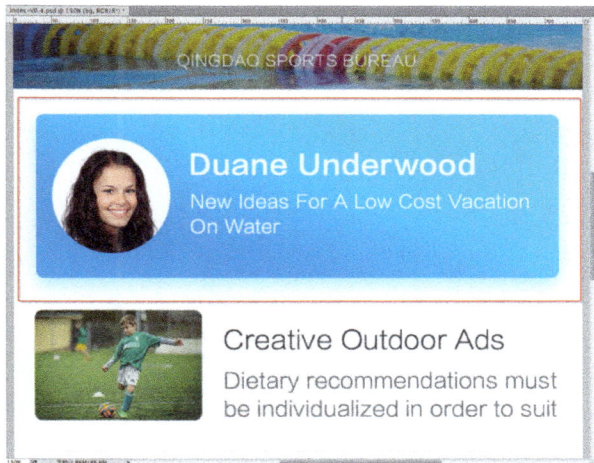

图4-90 调整窗口大小以方便切片

需要设计师切片的主要是背景图片、Logo及icon等。而设计稿中的文字可通过代码实现，是不需要出现在切片中的。

这里只需要将红框内的"蓝色渐变背景"切片并保存成透明背景的.png格式的图片。因此，在实际操作过程中需要把红框中的"人物头像"和"文字"隐藏起来，同时将背景色和其他可能会干扰切片的元素一并隐藏起来，隐藏后的效果如图4-91所示。

图4-91 切片展示

隐藏图层的方式

找到Photoshop界面右侧的图层控制面板，单击"图层"左侧的"眼睛" 图标，即可隐藏相应的图层，如图4-92所示。

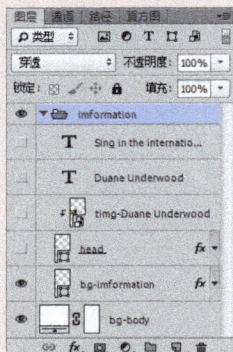

图4-92 隐藏图层的方法

随后就可以开始对图片进行切片了，操作流程如下。

在Photoshop 的"工具栏"中选择"切片工具"，并在设计图上拖曳出需要切片的部分，切片区域的大小可通过4个顶点来进行调整。如果当前需要切片的区域是透明背景，可将切片区域适当拉大，在保存图片时系统将自动保存有效像素的区域，如图4-93所示。

图4-93 切片区域设置

在"菜单栏"中单击"编辑"菜单中的"拷贝"选项（快捷键为Ctrl+C），对切片的区域进行复制，如图4-94所示。

新建一个窗口，在"菜单栏"中单击"文件"菜单中的"新建"选项（快捷键为Ctrl+N），界面中会弹出一个"新建"窗口，此时系统会自动将宽度、高度设置成该切片有效像素的尺寸，一般不需要再通过手动来调整尺寸大小。同时，切片的区域需要保存成透明底色的图片，所以在"背景内容"选项中，选择"透明"样式，如图4-95所示。

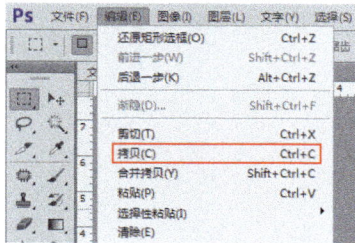

图4-94 复制切片

图4-95 新建切片文件窗口

在Photoshop的界面中，可以得到一个全新的图层，如图4-96所示。

将之前复制过的切片粘贴到当前"窗口"中，在"菜单栏"中选择"编辑"菜单中的"粘贴"选项（快捷键为Ctrl+V），如图4-97所示。

图4-96 全新的文档窗口

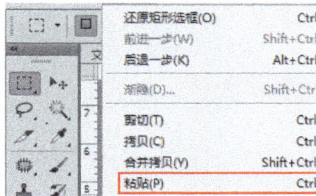

图4-97 粘贴切片文件

经过上一步操作之后，可以看到切片出现在当前窗口中的效果，如图4-98所示。

到了这一步也是最后一步，把切片文件导出。

在"菜单栏"中选择"文件"选项，然后选择下拉菜单中的"存储为Web所用格式"选项（快捷键为Ctrl+Shift+Alt+S），如图4-99所示。

图4-98 切片文件效果

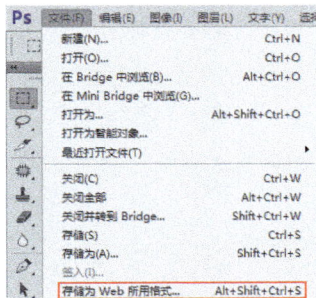

图4-99 切片保存选项

完成上一步操作之后，系统会弹出一个调整图片保存选项的对话框，此时将图片格式改为PNG-24，如图4-100所示。

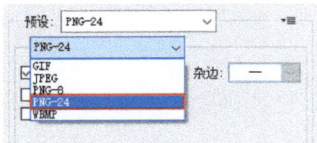

图4-100 切片格式设置

单击"窗口"右下方的"存储"按钮，并选择图片导出的文件夹位置，将图片重新命名后，单击"保存"，完成存储，如图4-101所示。

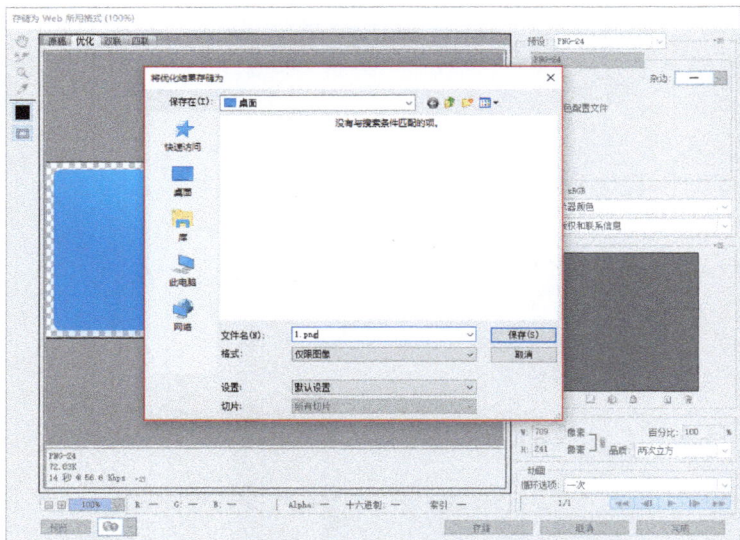

图4-101 存储设置

--- 提示 ---

在网页设计过程中，所使用到的切片一般都需要保存成Web格式，目的是最大程度优化图片质量，并压缩文件大小，以保证网页在打开过程中的流畅性。

4.4.2 图片命名规范及保存格式

图片的规范化命名对设计师来说非常重要。在一些大型网站或者较为复杂的网页设计中，会用到许多的切片图片，此时如果未按规范将这些切片图片命名的话，后期查找起来会非常麻烦。规范的命名有助于梳理设计逻辑，在工作中提高工作效率、降低维护成本，也有助于更好地与前端维护人员衔接工作。

■ 图片命名规范

根据网页的一般布局，切片文件的一般命名格式为"模块_类别_功能_状态.png/jpg/gif"，例如，form_button_login_disabled.png，意为"表单_按钮_注册_不可用.png"。

◎ **模块**

主要包括

header：页头区域

footer：页脚区域

nav：一级导航

subnav：二级导航

main：页面主体

menu：一级菜单

submenu：二级菜单

sidebar：侧边栏

slider：幻灯

form：表单

◎ **类别**

主要包括

logo：标志

button：按钮

icon：图标

bg（background）：背景图片

◎ **功能**

主要包括

search：搜索

vote：投票

msg（message）：信息

register：注册

login：登录

download：下载

delete：删除

back：返回

close：关闭

edit：编辑

service：服务

copyright：版权信息

sitemap：网站地图

profile：人物介绍

◎ **状态**

主要包括

default：默认的

selected：选中的

disabled：不可操作的

pressed：按下的

图片保存格式

选择合适的图片输出格式不但有利于展现图像的最佳效果，也能压缩图像数据量，从而提高网页的加载速度，优化用户的使用体验。图片的常见格式有JPEG、PNG、GIF、TIFF、PSD等，而网页中所使用的图片格式一般为前两种，即JPEG和PNG格式。

JPEG格式是一种有损压缩的模式。顾名思义，在图片的压缩过程中，jpg格式图片会降低图像的质量，并且在编辑或重新保存的过程中，图像的损失会不断累积。JPEG格式适合摄影类或色彩层次较为丰富的图像压缩，并且可通过调整参数来控制图片的品质大小，如图4-102和图4-103所示。

图4-102 JPEG案例

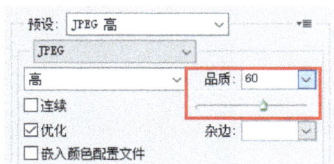

图4-103 JPEG保存品质设置

PNG格式是一种无损压缩的模式。在压缩保存时能够尽量还原图像品质，在存储为Web所用格式时，有PNG-8和PNG-24两种格式可供选择，如图4-104所示。

PNG-8最多可展示256种颜色，因此适合保存以纯色为主的图片，同时图片数据量会压缩得比较小，但是PNG-8不太适合保存透明背景的切片，否则会产生白色毛边，影响显示效果。

PNG-24的展示颜色多达1600万种左右，因此适合展示色彩丰富的图片，且图像的品质会更高，但缺点是图像的数据量会相应增大。

图4-104 两种PNG格式的不同效果

接下来就来讲讲如何选择合适的图片参数及图片格式，这里以两类网页设计常见的图片风格来进行比较，看看不同格式下图片的展示效果。

◎ 实物图像在不同格式下的展示效果

首先将同一张实物图像分别存储为Web使用的PNG-8、PNG-24、JPEG：质量40和JPEG：质量100这4种格式，然后看一下保存后的图片质量与图片数据量有什么差异，如图4-105所示。

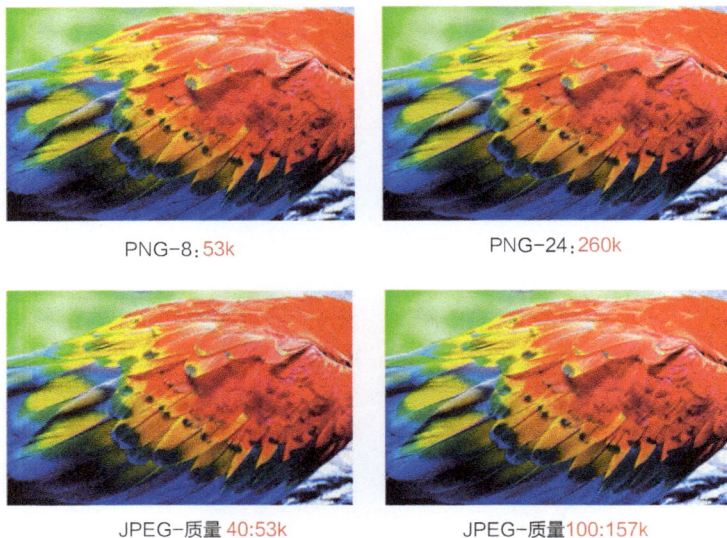

PNG-8：53k
PNG-24：260k
JPEG-质量40:53k
JPEG-质量100:157k

图4-105 不同格式下的图片显示效果及大小（1）

通过对比可以看出，PNG-8与PNG-24格式经过压缩后的图片数据量仍然比较大，同时在PNG-8的格式下，图片质量损失非常严重，这显然是不符合使用要求的。相比之下，JPEG-质量40格式下的显示效果要明显优于PNG-8的格式，而且经过压缩后的图片数据量只有25K，这对网页加载来说，是非常合适的。

综上所述，针对此类色彩较为丰富的图片，建议保存为JPEG格式，且图片的质量可根据具体需要在0~100的区间内做调整。

◎ **单色图像在不同格式下的展示效果**

首先选取一张由纯色构成的图片，并同样将这张图分别存储为Web使用的PNG-8、PNG-24、JPEG-质量40和JPEG-质量100这4种格式，如图4-106所示。

PNG-8：7k   PNG-24：18k

JPEG-质量 40:7k   JPEG-质量100:24k

图4-106 不同格式下的图片显示效果及大小（2）

通过对比可以看出，这4种格式的图片经过压缩之后，图像的数据量都比较小。其中虽然PNG-8与JPEG-质量 40的图片数据量相同，但是JPEG格式的图片的画质损失非常严重，图形中部的边缘部分已经出现明显的锯齿，如图4-107所示。而PNG-8格式下的图片画质仍然较高，图形边缘清晰可见，如图4-108所示。

JPEG-质量 40:7k   PNG-8：7k

图4-107 单色图像保存效果（1）    图4-108 单色图像保存效果（2）

综上所述，在保存纯色图片时，建议使用PNG-8格式，这样不但能够极大地压缩图像数据量，也能最大程度地保证图像的清晰度，还可以较好地还原图像的视觉效果。

提示

在保存JPEG图像时，应注意平衡图片质量与图像数据量的关系。图片的质量值越高，保存后的图片数据量越大，在保存之前可以比较不同质量值下图片的显示效果，同时留心对比图片数据量的区别。一般情况下，如果按质量值为100来保存图片，会增加图片无谓的数据量，因此在日常网页的使用中，60~80的质量值足够使用。

 小结

在一些较大型的设计团队中，切图工作一般是由前端工程师完成的。但在一些小团队中，切图工作则需要由网页设计师来完成。因此，这里建议网页设计师多了解一些切图规范知识，以便很好地配合团队中的其他成员开展工作。并且在切图过程中，需重点注意的是根据不同图片的特性采用不同的图片格式，在保证图片品质的情况下尽量压缩图片大小，保证用户使用时可以流畅加载。

第5章
网页设计模拟练习

前面4章学习了网页设计中需要掌握的配色法则、设计规范以及设计工具的使用方法。本章将前面的内容整合，带领读者动手制作网页。通过案例的分步骤讲解，为读者分析网页设计为什么要这么做和这么做的好处是什么。

本章为内容整合式的学习，通过对本章内容的学习，读者可以独立完成一个网页的设计，从最初的设计规范定制到最后的网页效果图标注，基本可以达到目前网页设计师的工作要求。

5.1 草图及原型图的制作

针对网页设计模拟练习，这里以一个Beats品牌的电子商务类的网站为例，如图5-1和图5-2所示。

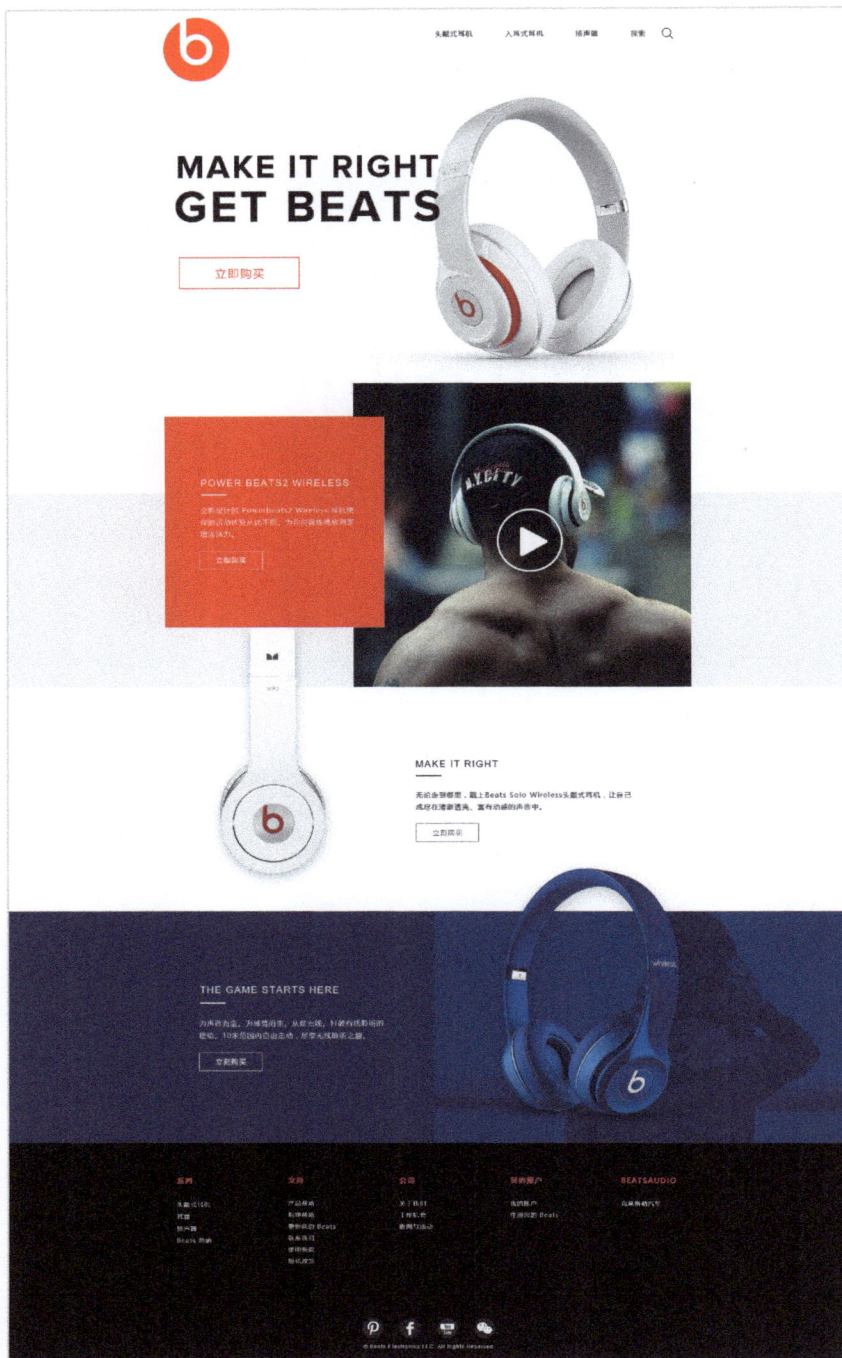

图5-1　Beats网站首页

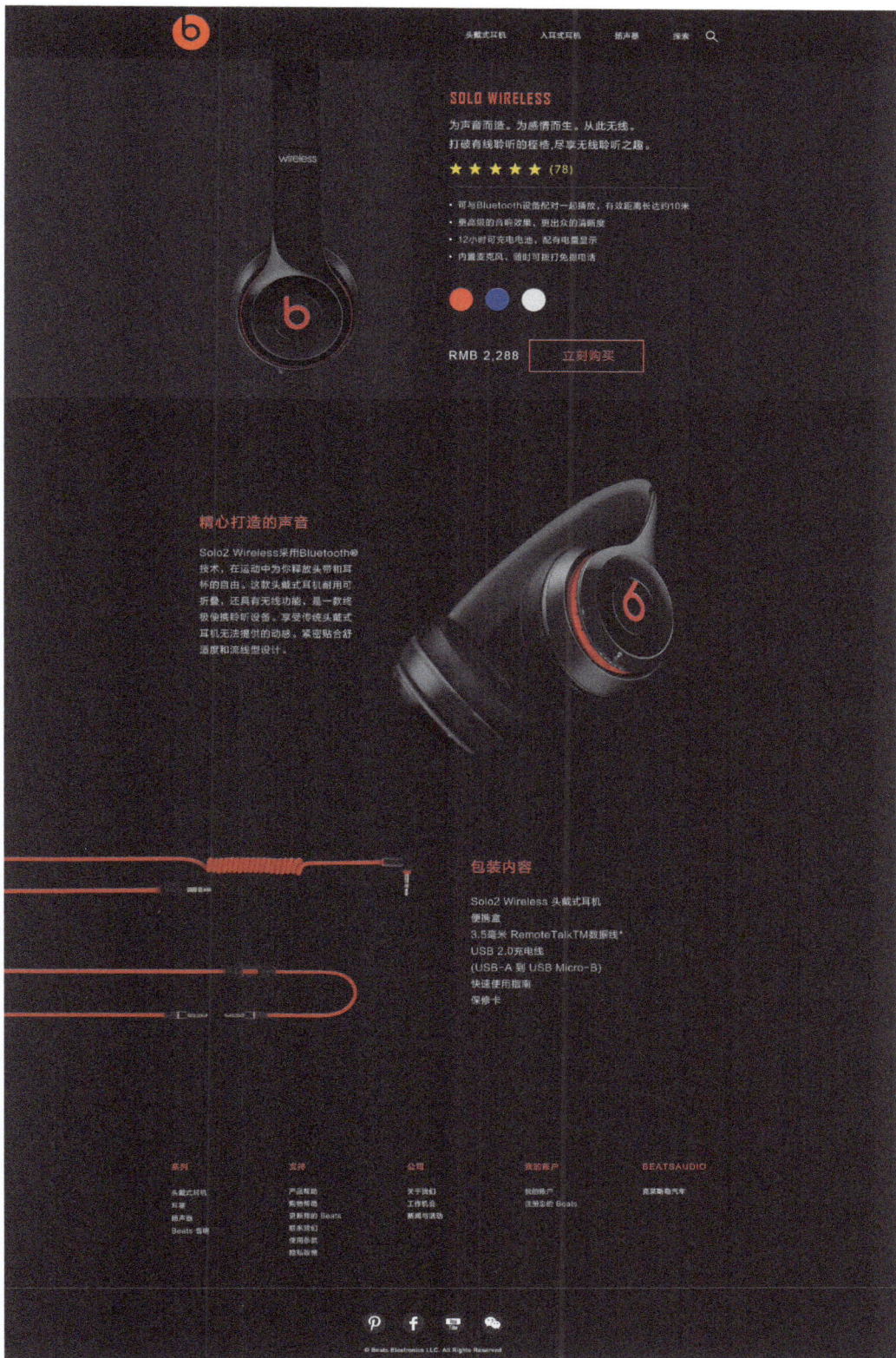

图5-2　Beats网站二级页

5.1.1 概念图的绘制

概念图的绘制，在功能的设置上可以参照现有的Beats中国官网，如图5-3和图5-4所示。这里着重对Beats中国官网的网站首页和二级详情页这两个页面的设计进行具体的介绍。

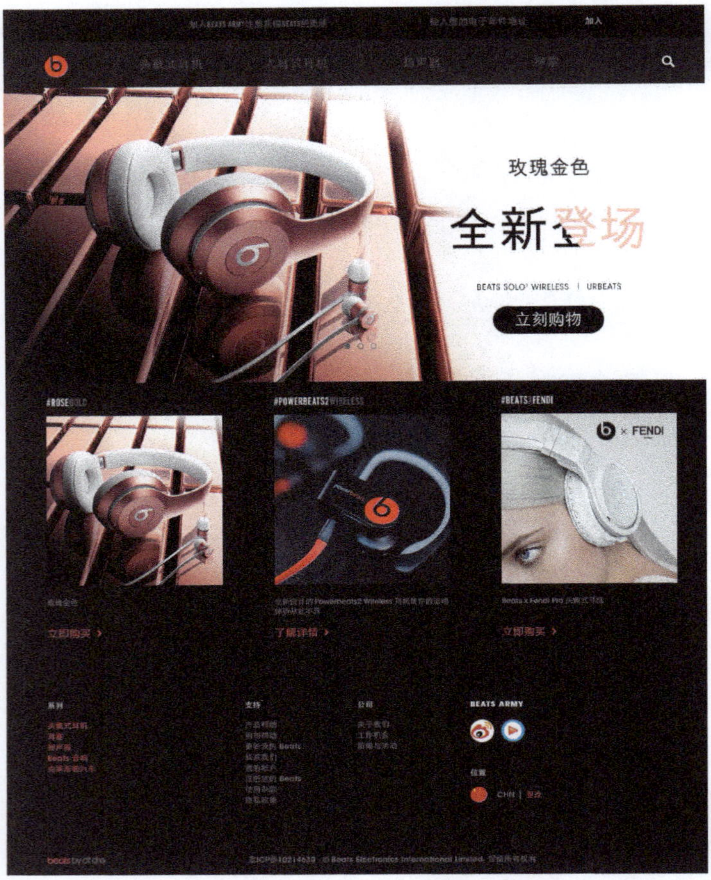

图5-3 Beats官网首页

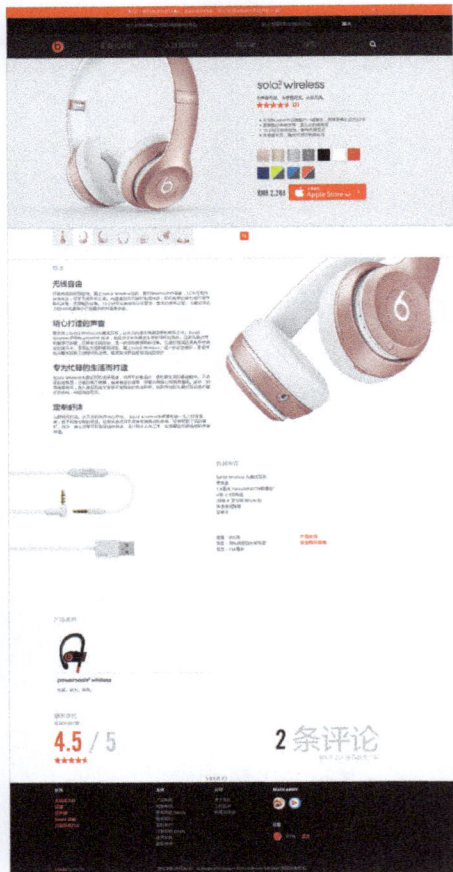

图5-4 Beats二级详情页

网站首页的主要功能包括导航、搜索、Banner、部分产品展示（视频和图片）以及网站辅助信息等；产品详情页的主要功能包括导航、产品图、购物车、产品详情及网站辅助信息等。

在网页设计中，可根据之前设定好的网站主要功能来绘制简单的概念图。在练习中可以先充分发挥创意与想象，不必在思维上限制太多，也不必担心技术上的可行性，直到创作出多种设计方案后，可根据个人喜好，并结合用户需求来优化设计细节。

提示

不过，在实际工作中，设计师们在概念图设计阶段，还需要与相关技术人员不断沟通方案的可行性，听取合理化建议，进而修正设计方案，以求达到最佳的使用效果。

以下绘制的是首页概念图，如图5-5所示。

概念图需要画出页面的布局、功能及大概的展示效果，在概念图中，我们做了两种不同布局样式的尝试。本章中的案例是针对Beats官网的再设计，因此在功能、结构上仍然遵循原作的设计，从上至下布局分别为导航、Banner、产品视频展示、产品静态图片展示及网站信息。

在原设计图中，除了首屏的Banner外，产品的展示图都相对较小，因此，在本案例中，我们将产品展示作为重点区域来设计，占据了页面的大部分空间，这样做是为了突出产品的形象，用产品外观的精致感来打动用户，提升用户的购买欲和页面的设计感。

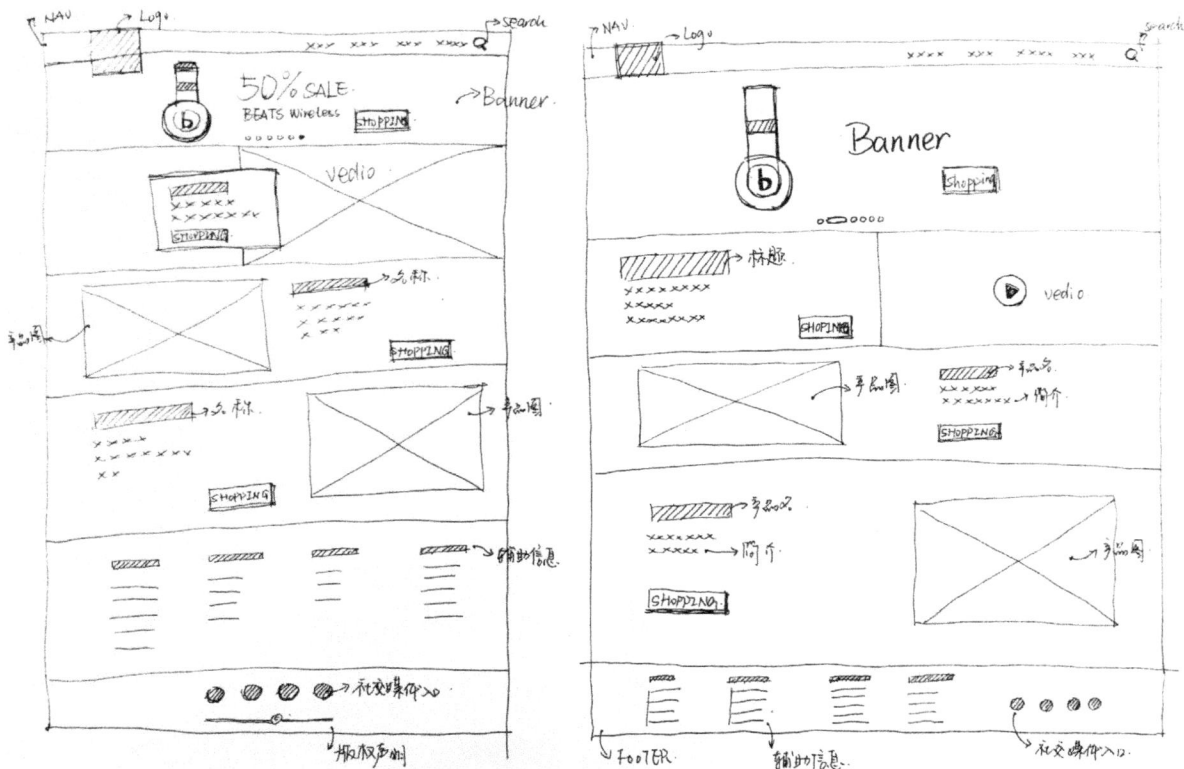

图5-5 草图设计

绘制草图主要涉及的绘制工具有铅笔、中性笔、马克笔等。对于草图的绘制工具并没有具体的要求，在绘制过程中需要完整展示页面布局，实现产品的需求，并能通过草图验证页面布局的合理性。网页设计中草图的作用是方便产品研发初期沟通工作，并确立需求，因此对于草图绘制一般没有太严苛的要求，只要线条精简，能清晰地表达需求即可。另外，可在页面中直接对方案做出修改。

5.1.2 原型图的制作方法

确定好概念图之后，就可以根据概念图制作原型图了，在原型图中需要准确标注各个模块的主要功能、比例和信息展示方式等，为随后即将制作的视觉效果图提供依据，如图5-6和图5-7所示。

图5-6 首页原型图

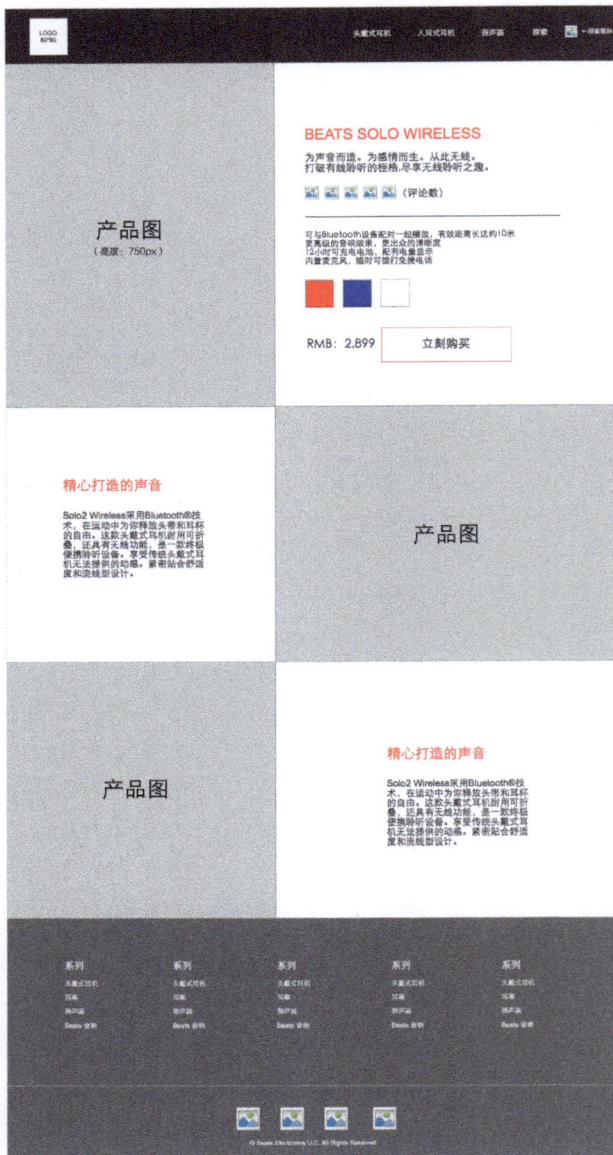

图5-7 产品详情页原型图

原型图的制作工具主要有Axure RP、Mockplus等。对于网页设计师来说，原型图制作并不是必备技能，读者只需要简单了解即可，有兴趣可以自己动手制作原型图。原型图相对草图来说，涉及的规范较多，且一般需要对页面布局进行比较规范化的标注，同时，将整个网页的交互过程做了展示，方便网页设计师进行接下来的工作。

5.2 确立基本风格和规范

确立网页的风格是设计前需要重点考虑的问题，它决定了整个设计的基调。同样，工作中也经常会遇到与甲方讨论设计方案采用何种设计风格的问题。要注意的是，在设计风格的确认阶段，需要用一些相对具体的词汇来进行描述，如"蓝色调""扁平化风格"等，而不是"高大上""洋气"以及"高端"等这种抽象的概念。作为甲方，有时可能无法用专业的词汇来描述自己的想法，如果设计师们可以提供一些不同风格的案例供甲方参考，会大大提高沟通效率。

而针对设计规范，则需要用具体的数据来作为设计依据，并贯穿整个设计过程，这样才能保证整个网站设计具有一致性。同时，规范化的设计可以减少开发人员的工作量，加快项目的研发进度。

5.2.1 根据风格确定配色

第3章讲过色彩的情感表达。此处以Beats品牌为例，具体分析网页设计中应该如何为网站选择合适的配色。

首先，在商业设计前期，设计师需要了解该品牌的相关信息，设计的内容必须符合品牌的宣传理念。根据我们对Beats品牌的了解，Beats耳机以优异的外观设计和出色的音效得到了广大青年用户的青睐，同时明星效应也使Beats成为耳机中的潮牌产品。

就以上信息，我们可以总结出以下两点内容。

⊙ **Beats品牌的主要受众群体为广大青年用户。**

⊙ **Beats的产品得到时尚人士的青睐。**

针对Beats品牌以上这两个主要信息，在网页设计中我们希望能够体现出"青春""热烈"和"时尚"这3个元素。因此，选择用红色和蓝色这两种冷暖对比色作为网站的主色调，这两种颜色搭配具有强烈的视觉冲击力，且有许多品牌使用这两种颜色作为产品的主色调，例如，百事可乐品牌在产品的外包装设计上采用了这种配色方式。

辅助色选取了无彩色系中的白色和深灰色，原因是它们既能很好地调节冷暖色对比，又不会对页面中的其他元素造成视觉干扰，如图5-8所示。

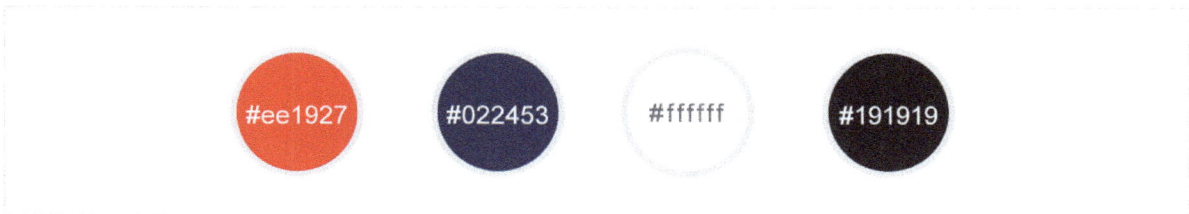

| #ee1927 | #022453 | #ffffff | #191919 |

图5-8 配色展示

根据Beats这一品牌的风格设定（即青春、热烈和时尚），我们准备将这个网站设计成简约的扁平化风格，以图片为主，迎合更多年轻人的口味，也更贴近当下网页设计的主流。

5.2.2 确立设计规范

▪ 网页宽度

在Beats官网的设计中，为了配合大屏显示器的显示效果，将网页内容部分的宽度设定为1200像素，目前1000像素~1200像素的网页设计已经逐渐占据主流，这样的展示使页面在视觉上更加舒朗、透气，如图5-9所示。

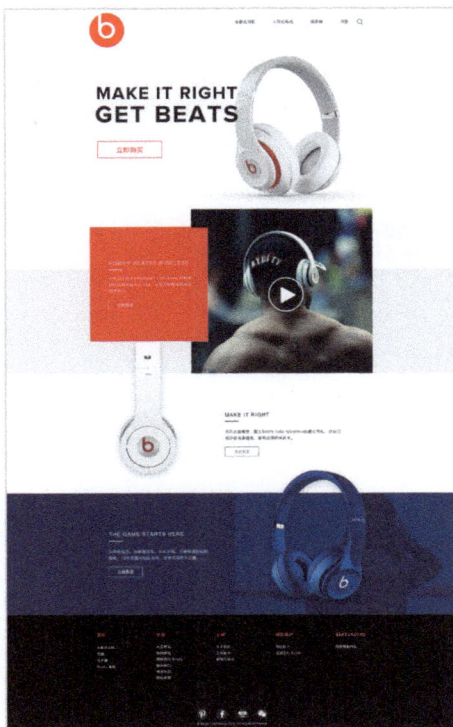

图5-9 效果图展示

▪ 字体、字号和行间距

在网站字体的选择上，中文字体使用"微软雅黑体"，英文字体使用Arial。在首页设计中，正文使用的字号为16点，标题使用的字号为22点，使用的行间距均为28点，如图5-10~图5-12所示。

图5-10 字体的显示效果

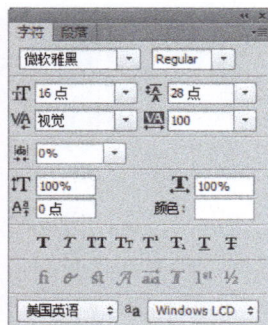

图5-11 正文字号的设置

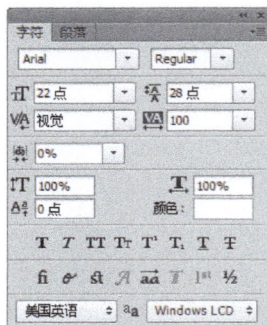

图5-12 标题字号的设置

在二级页中，为了使信息更加易读，字号相比首页来说有所放大，如图5-13~图5-15所示。

图5-13
产品详情页的效果

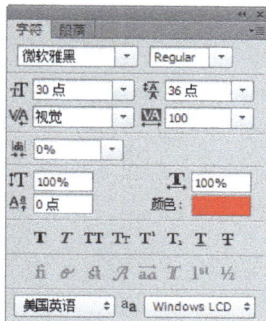

图5-14
二级页标题字号的设置

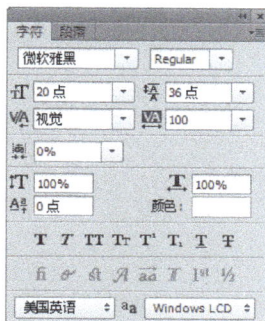

图5-15
二级页正文字号的设置

在字体颜色的选择上，既要与背景色形成高度对比，又要避免对其他信息或图形造成视觉干扰。因此，在设计中，需要高亮提示的信息部分使用红色，其他的字体颜色均选择网站的两种辅助色即白色和深灰色，如图5-16和图5-17所示。

图 5-16 高亮提示信息的颜色设置

图5-17 网页正文的色彩效果

5.3 网页制作的基本方法

5.3.1 新建画布与设置参考线

■ **新建画布**

在"菜单栏"中执行"文件>新建"命令，在弹出的"新建"窗口中将画布命名为Beatswebsite_V0.1，然后将宽度设置为1920像素，将高度设置为3000像素（高度估算一个大概数值即可，在设计过程中可以随时根据需要调整画布尺寸），将分辨率设置为72像素/英寸，将颜色模式设置为RGB颜色，将背景内容设置为白色，设置好之后单击"确定"按钮，完成新建，如图5-18所示。

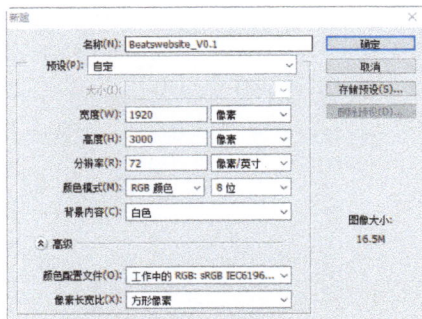

图5-18 画布设置

■ **设置参考线**

根据之前设置的画布总宽度（1920像素）和中间内容宽度（1200像素）的大小情况，从左侧标尺拖出参考线作为参考，如图5-19所示。

图5-19 参考线设置

5.3.2 导航栏的设计

在制作"导航栏"之前，需要了解的是，原型图中设定的导航信息主要是品牌Logo，其次为头戴式耳机、入耳式耳机、扬声器、探索及搜索图标功能，如图5-20所示。

图5-20 导航原型图

在制作过程中首先根据原型图中标注的导航高度标准从顶部标尺向下拉一条参考线到170像素的位置，然后将Beats品牌的Logo拖入到画布中，并将图层命名为logo-Beats，接着根据原型图中的设计，对Logo与内容区做左侧对齐处理，并与顶部有20像素的上边距。具体操作时先从顶部拖出一条参考线到左侧标尺20的位置，然后将Logo缩到150像素×150像素的尺寸大小，并与刚刚新建的参考线左侧对齐。

在左侧"工具栏"中选择"文字工具"[T]，在文本框中输入导航信息，包括头戴式耳机、入耳式耳机、扬声器、探索和搜索图标，同时调整出词组之间的间距。跟据原型图图示建立参考线，将文字图层与参考线对齐，然后在导航的最右侧添加一个"搜索图标"[🔍]，并将该图标命名为icon-search，完成后的效果如图5-21所示。

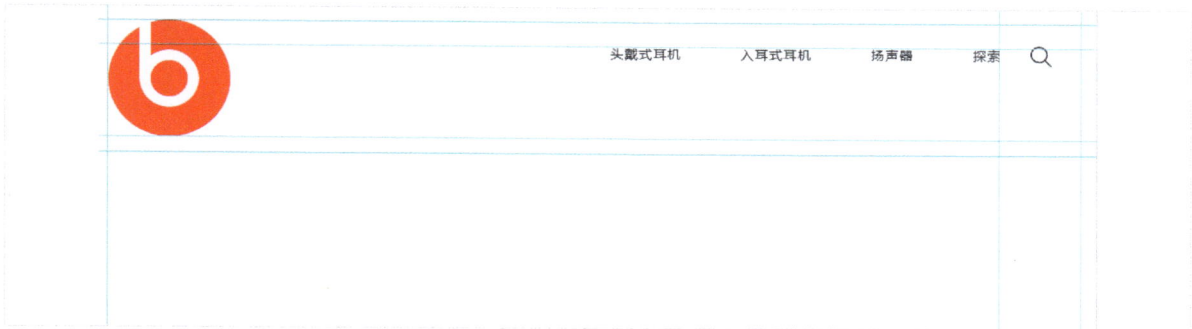

图5-21 导航效果图

> **提示**
>
> 在视觉效果图的制作过程中，图标（icon）应尽量使用矢量格式，以便于缩放和调整。如果需要用到图片，要将图片转换为智能对象再使用。

导航部分做完后，将所有图层编组，并命名为导航，完成后将该组锁定。每个部分做完之后要对"组"进行锁定，避免在接下来的操作过程中出现麻烦，如图5-22所示。

图5-22 图层编组

5.3.3 主内容区的设计

▪ Banner的设计

在该页面中第1屏的位置设置一个1200像素×670像素的Banner，并且根据用户的需求，在这里需要设置一个"立即购买"的入口。排放元素时，我们选择了一张白色的背景图，既能让产品的相关信息清晰地在背景中显现出来，又能让页面看起来干净、通透。根据Banner中各个元素的安放位置，将"立即购买"按钮设置在该页面的左下方位置，且以红色样式显示，以刺激用户购买。

按钮可通过矢量图形的绘制来实现。首先在"工具栏"中选择"矩形工具"，然后在画布中绘制一个275像素×75像素的矩形，同时设置矩形的填充样式为无，矩形描边为2像素，如图5-23所示。

描边的颜色选择网站的主色调即红色（#ee1927），如图5-24所示，设置完成后编组整理，完成后的页面效果如图5-25所示。

图5-23 填充、描边样式　　　　　　图5-24 色彩设置　　　　　　图5-25 Banner效果展示

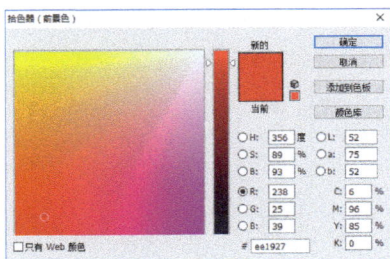

提示

对于设计新人来说，如果缺乏设计灵感，可以在样式上参考其他同类型优秀网站的设计，将别人的思路借鉴过来，再通过反复练习和思路整理，丰富自己的设计经验。

▪ 产品展示区设计

在Banner的下方，根据原型图设计，做一个产品展示区。针对该区域的设计，采用一个"错位"的设计方法，即以产品图在背景色中部分重叠的摆放方式，将上下衔接起来，使整个页面的设计更具整体性，让版面活跃起来，效果如图5-26所示。

图5-26 产品展示区效果展示

⊙ "视频"区域的制作

视频区域的背景色选择浅灰色（#f3f3f3），目的是更好地配合视频的展示，不会在用户观看视频的时候产生不必要的视觉干扰，如图5-27所示。

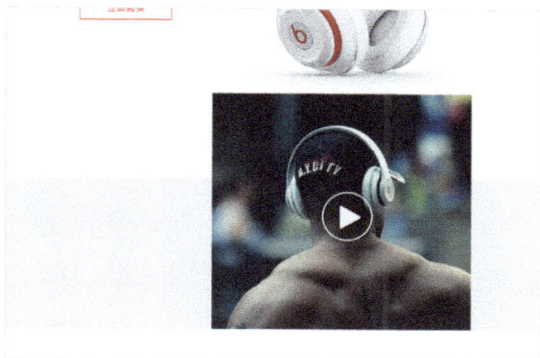

图5-27 "视频"部分制作

在视频的左侧设置一个视频简介信息，背景色选用红色（#ee1927）。具体取色上这里使用的是醒目的大色块，目的是让整个区域更突出，吸引用户，如图5-28所示。

在视频播放器的设计上，首先使用"矩形工具" ▣ 制作一个770像素×720像素的矢量矩形，然后将提前选好的"视频默认图"拖入画布中，调整到合适位置后，选择"创建剪贴蒙版"选项新建剪切蒙版，目的是便于后期调整视频区域的尺寸，不再需要重复剪裁视频默认图。

在视频简介部分的设计上，选择将背景区域部分覆盖在视频的位置，营造出一种层次感，效果如图5-29所示。

图5-28 背景色彩设置

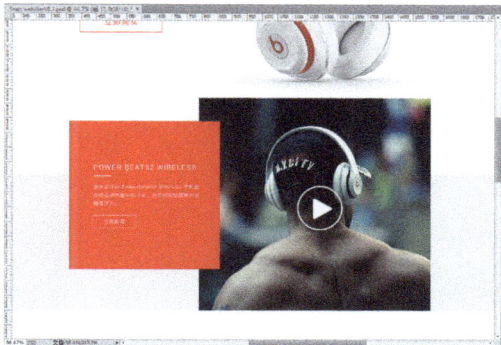

图5-29 "视频"部分效果展示

⊙ "产品展示"区域的制作

在产品展示区域的制作过程当中，首先将"耳机"素材重叠放置在视频的部分，且为了突显产品的立体感，我们还为素材添加了一些"投影"效果。

先来制作第1个产品的展示效果。双击该图层，在"图层样式"面板中选择"投影"选项，并做适当设置，设置面板如图5-30所示；将图层的"混合模式"设置为正片叠底，将颜色设置为黑色（#000000），如图5-31所示，添加投影前后的效果对比如图5-32所示。

此外，在耳机素材的右边，我们还添加了描述文字和"购买"按钮，最终效果如图5-33所示。

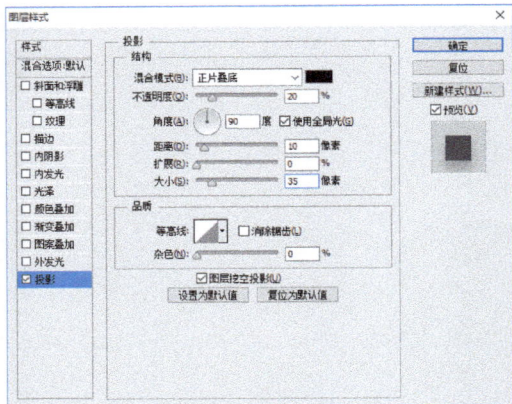

图5-30 图层样式设置

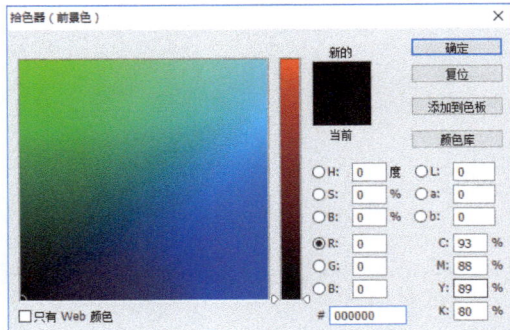

图5-31 投影色值

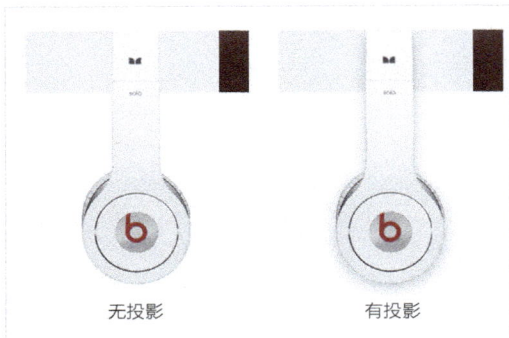

无投影　　　　　　有投影

图5-32 "投影"效果对比

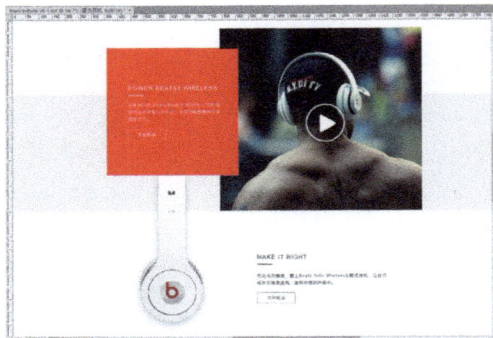

图5-33 完成效果展示

　　制作第2个产品的展示效果。第2个产品的展示采用了"右对齐"的方式，目的是让页面效果左右平衡，背景色选用网页的主色调即蓝色（#022453），用同色系搭配会使人视觉上感到比较和谐，如图5-34所示。

　　在该部分的背景设计上，我们在这个区域叠加一张人物图，活跃一下较为平淡的背景气氛。选中该图层，将"混合模式"设置为柔光，将不透明度设置为40%，如图5-35所示，完成后的页面效果如图5-36所示。

图5-34 背景色设置

图5-35 面板设置示意图

图5-36 界面效果图

　　随后，选择一张蓝色耳机图片，添加投影效果后置入进去。双击图层，在弹出的"图层样式"面板中选择"投影"选项，将"混合模式"设置为正片叠底，将颜色设置为黑色（#000000），如图5-37所示，完成后的效果如图5-38所示。

　　此外，在耳机素材的左边，为该产品添加相关的介绍信息和"购买"按钮，最终完成后的效果如图5-39所示。

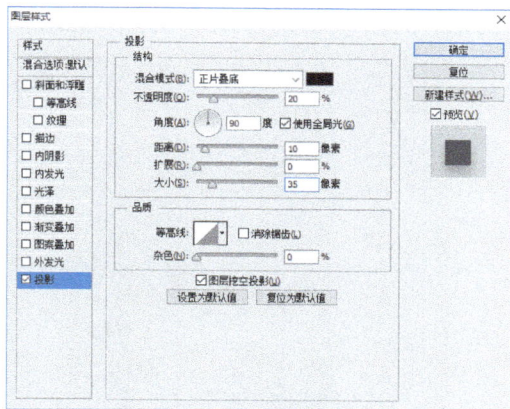

图5-37 "投影"效果的设置

图5-38 完成后的效果

图5-39 完整的效果展示

■ 辅助信息栏的设计

辅助信息通常出现在网站的最底端，且这部分的设计可以选择较为简洁、明了的样式。

在这里，辅助信息区域的背景色使用辅助色即深灰色（#191919），需要高亮提示的文字颜色选用网页的主色调即红色（#ee1927），而其他常规文字选用辅助色即白色（#ffffff），网页的底部可选取较深的色彩，因为深色通常给人以厚重感，可以避免在视觉上产生头重脚轻的感觉，如图5-40所示。

辅助信息的最下方有4个"社交媒体"的入口，为了将它们与上面的文字信息区分开来，在这里添加一条深灰色分割线（#333333），且背景色同样选择深灰色（#333333），如图5-41所示。

图5-40 辅助信息展示

图5-41 社交媒体入口

--- **提示** ---

在添加该区域的色彩时，应避免使用太过跳跃的色彩，否则会破坏网页视觉上的整体性。

125

图标的制作采用"反白"的样式。双击图层，在"图层样式"面板中选择"颜色叠加"选项，设置混合模式为正常，颜色为白色#ffffff，如图5-42所示。在辅助信息区域，需要添加相应的版权信息，如图5-43所示。完成后的最终首页效果如图5-44所示。

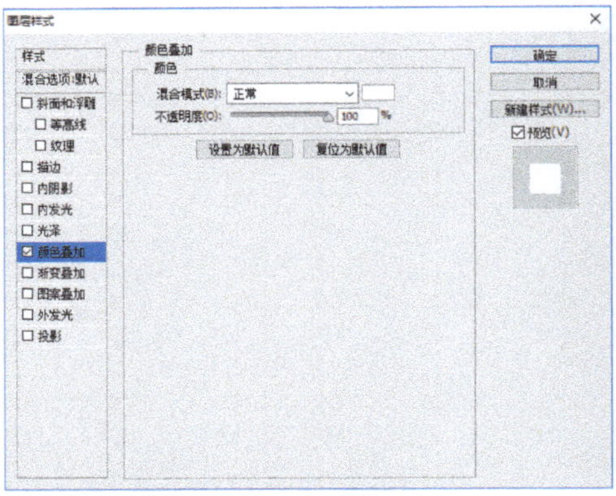

图5-42 图层样式设置

图5-43 辅助信息效果展示

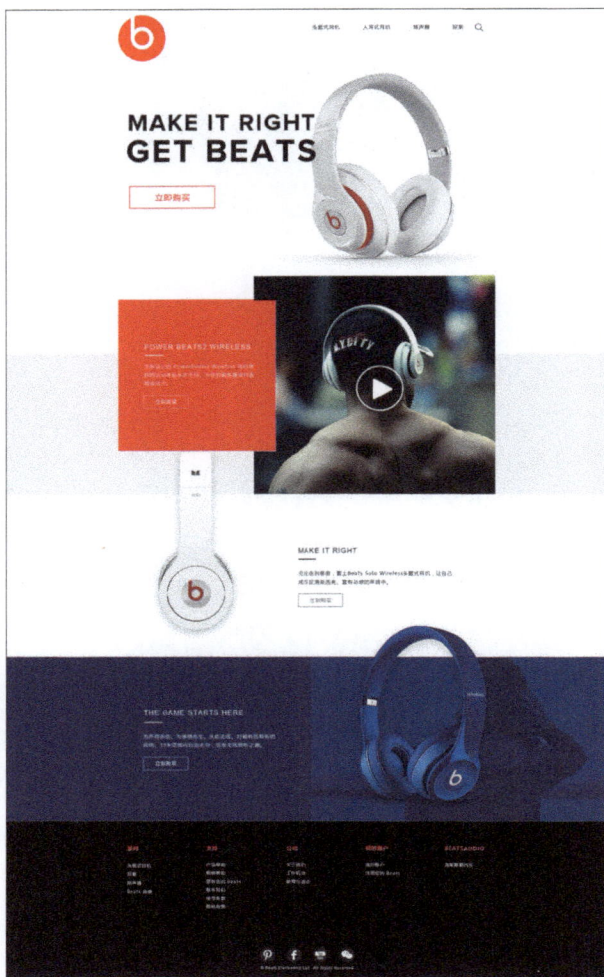

图5-44 完成后的页面展示

5.4 二级页设计

在网页中，二级页的主要功能在于在线购物，需求相对简单，其设计重点是掌握排版技巧，且素材图一定要精致，以吸引用户的视线，从而提升用户的购买欲。

在具体设计的过程中，要特别注意利用好高亮色，以提升整个页面的气质。背景主要使用了深灰色（#191919），深灰色搭配高清产品图能够体现科技感，也不会对产品造成视觉干扰，如图5-45所示。

图5-45 二级页效果展示

5.4.1 导航栏的设计

二级页的导航设计延续首页的风格，导航栏的高度保持120像素不变，将品牌的Logo适当缩小，且上下垂直居中显示，导航的背景颜色设置为深灰色（#191919），如图5-46和图5-47所示。

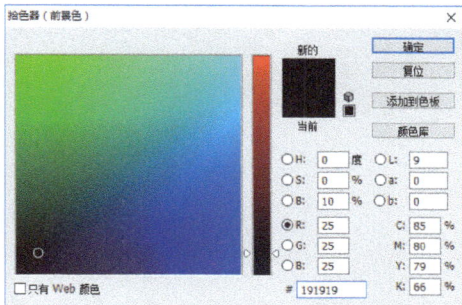

图5-46 颜色设置

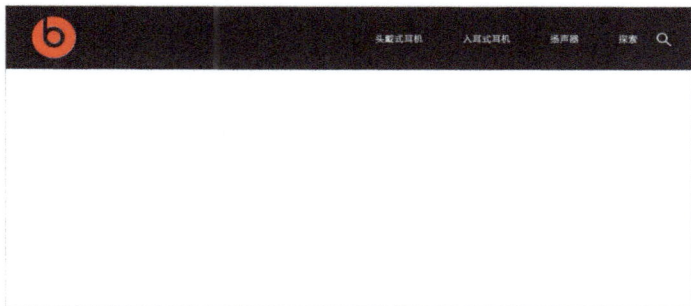

图5-47 导航区域背景色展示

5.4.2 "在线选购" 界面的制作

针对"在线选购"界面设计，在第1屏的位置，采用了750像素的高度，目的是尽可能地放大产品图，同时将更多的选择信息展现给用户。产品图右侧的信息流，使用"左对齐"的排版方式，且产品标题使用了红色（#ee1927），如图5-48和图5-49所示。

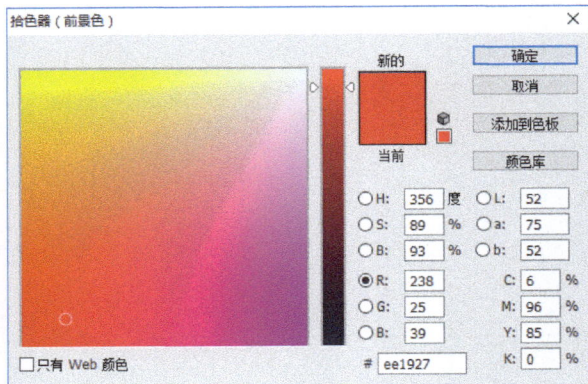

图5-48 颜色设置

图5-49 背景与文字设计

然后在该产品标题的下方设计一个产品简介区域，注意此处不宜出现过多的文字内容，以免影响用户的视觉体验。完成之后设置一个"用户评分"的展示功能，在星形的处理上，使用了圆角形状，使其看上去更加柔和，同时也是为了配合耳机的圆润造型，让视觉上更加协调。星形的颜色设置为较亮的明黄色（# ffdd23），因为在深色背景下，黄色会显得十分活跃和明显，完成设置的效果如图5-50和图5-51所示。

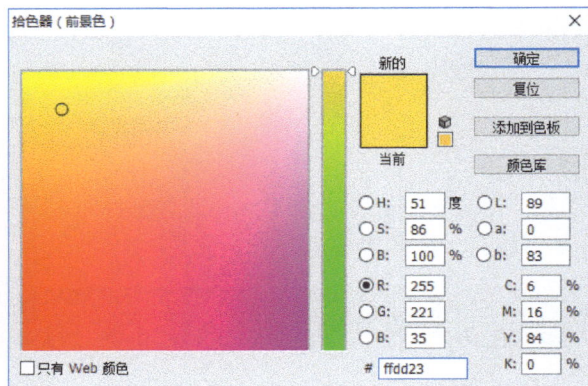

图5-50 星形颜色设置

图5-51 完成效果展示

在"用户评分"区域的下方罗列了产品的几个特性，这部分内容使用了较小的字号，与标题的字号形成对比，使整个界面的层级关系清晰、明朗，如图5-52所示。

图5-52 产品信息文字设置

针对该产品我们为用户提供了3种颜色进行选择，颜色的表现形式选用合适的圆形，设计理念主要包括两个方面，一是与耳机外轮廓的形状接近，易形成统一的视觉感受，二是与品牌的Logo形成高度的统一。设计完成后的最终效果如图5-53所示。

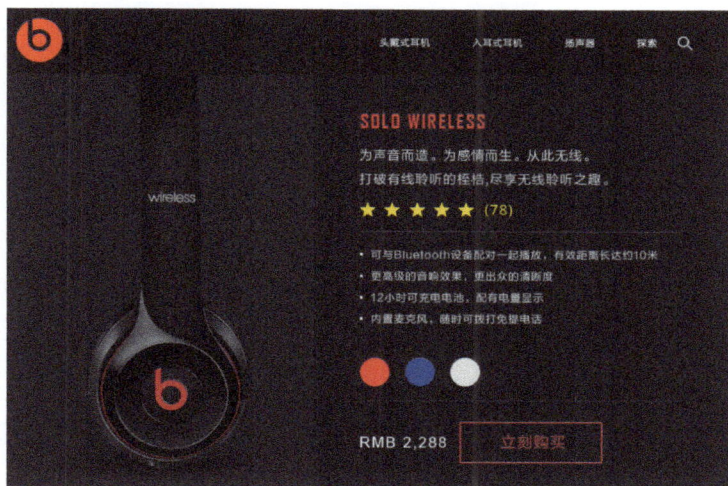

图5-53 完成后的效果

5.4.3 产品介绍栏的设计

在该区域的设计上，我们希望能重点突出产品的细节，并且能够在排版上灵巧多变，跟首页的设计类似。依然选择左右对称的排列方式，平衡视觉重心。产品介绍栏中第2张图的排版方式，借鉴了现有的Beats官网的版式，从页面左侧出现，在视觉上有一种延伸的效果，使页面更加灵动，如图5-54所示。

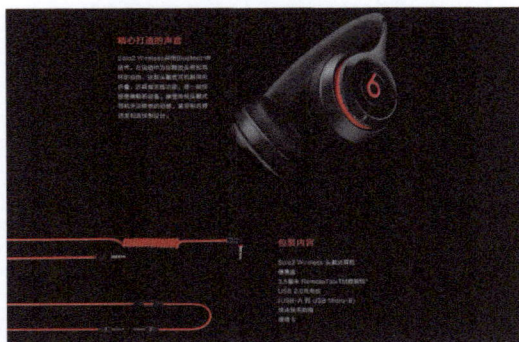

图5-54 排版样式展示

在页尾区域，添加与首页相同的辅助信息，这样整个页面的制作就完成了，最终效果如图5-55所示。

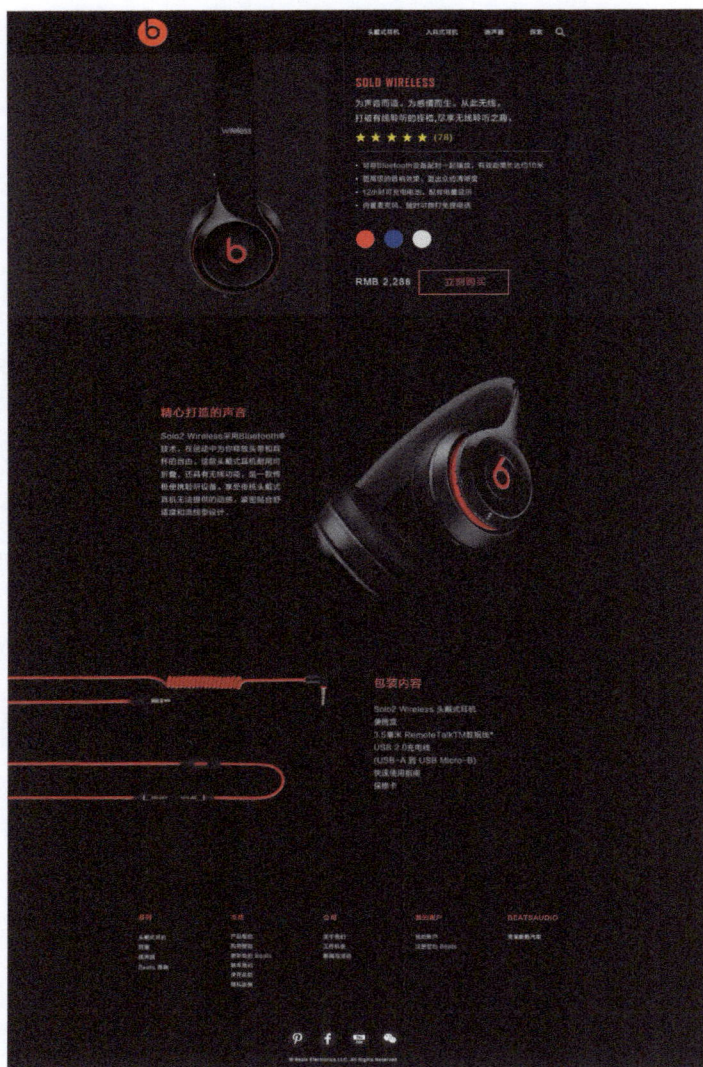

图5-55 完成效果展示

5.5 标注的方法

　　在视觉效果图完成之后，要对效果图进行尺寸标注，以方便前端工程师进行后面的工作。标注时所涉及的软件有多种，这里使用的软件是马克鳗（Mark Man）。

提示

　　马克鳗（Mark Man）这款软件适用于Win/iOS平台，基础功能可以免费使用，如果有更高的功能需求可以购买高级功能。

　　标注时，需要将各部分的背景色色值、宽度、高度、文字色值、字号和行间距等标注在图上，完成标注后，网站设计的部分就算完成了，标注后的效果如图5-56~图5-59所示。

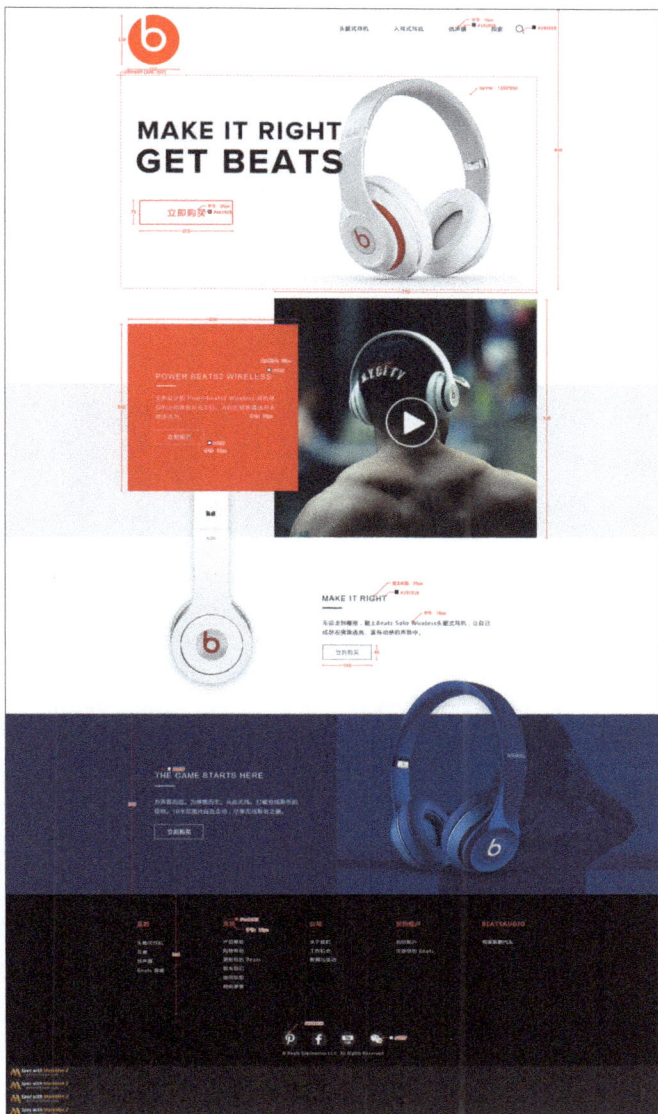

图5-56　首页的标注效果

图5-57 导航和Banner的标注效果

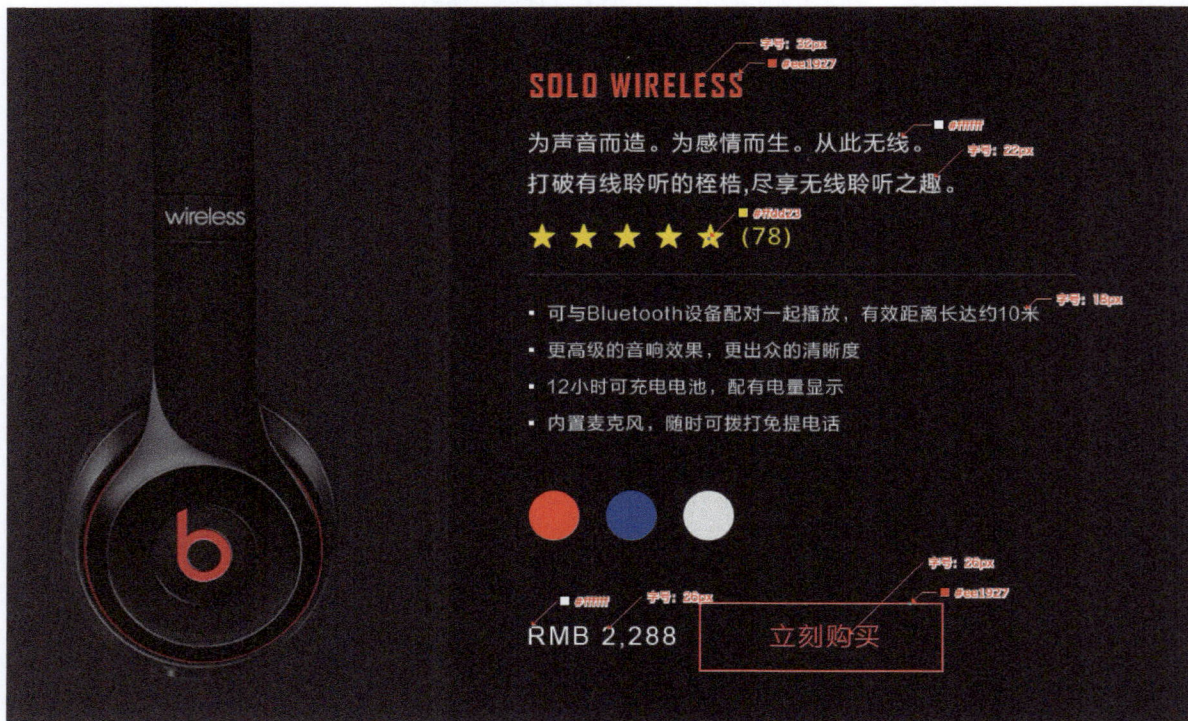

图5-58 产品信息部分的标注效果

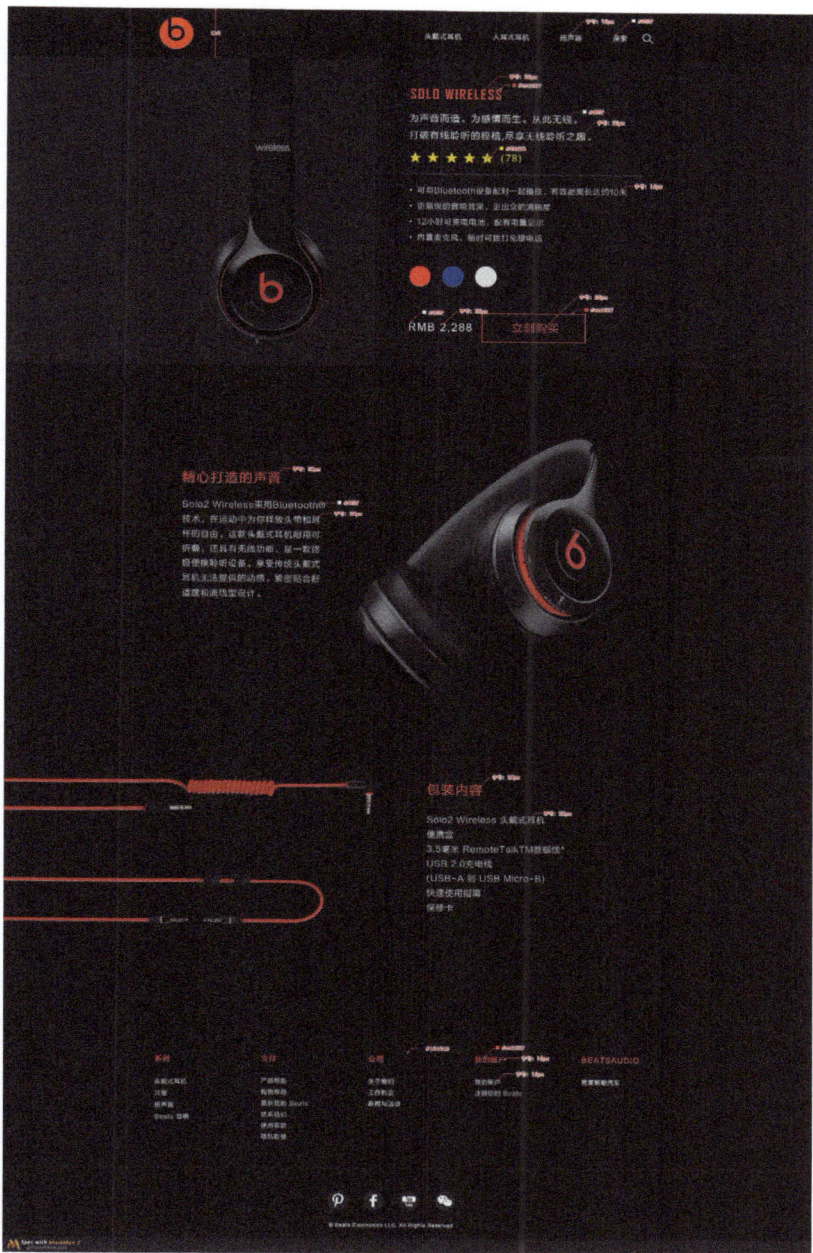

图5-59 产品详情页的标注效果

📤 小结

在网页设计中，页面元素多被框在一些模块当中，这样的块状布局虽然可以使页面整齐划一，但难免容易让用户感到死板。因此在网页设计的实际应用当中，元素的展现可采用重叠、模糊等形式，这样可以使版式灵动多变，且富有层次感，带给用户耳目一新的感受。 并且，现今的网页设计也正在逐步突破以往的样式束缚，越来越多的新颖样式呈现在我们面前。因此，我们可以通过多看、多学的方式，将好的设计元素运用到自己的作品当中，但要牢记的是切勿生搬硬套，适合的风格才是好的风格。

第6章

网页设计实战解析

优秀的网页设计是艺术与规范的完美结合，它受限于当前的网页技术发展水平和甲方的各种"条条框框"。而网页设计师要做的就是在有限的空间内，将网页设计的形式感、艺术感表现到极致，全力为用户提供更好的产品。从网页到UI到平面……当下目光所及之处，扁平化风格的作品几乎"一统天下"，这也从另一个方面说明，人们的审美正从繁入简，从关注表象到回归事物的本质，这也正印证了"大道至简"的道理。

本章将通过几个案例来深入学习网页设计规范在实际项目中的应用。学习本章需要注意，设计时虽然需要遵循一定的规范，但一切设计都应以"用户习惯"为准则，因此在具体设计时要学会适当变通，灵活使用设计方式与方法。

6.1 个人工作室网页设计

6.1.1 设计需求的确定

设计师的工作室网页通常比较个性化，风格活泼，且形式多变，有比较大的空间来发挥创意。在多数情况下这类网页会占用比较多的区域来展示设计师的个人作品，因此在设计前期需要有针对性地规划界面布局，重点突出核心需求，如图6-1和图6-2所示。

图6-1　网页完成效果

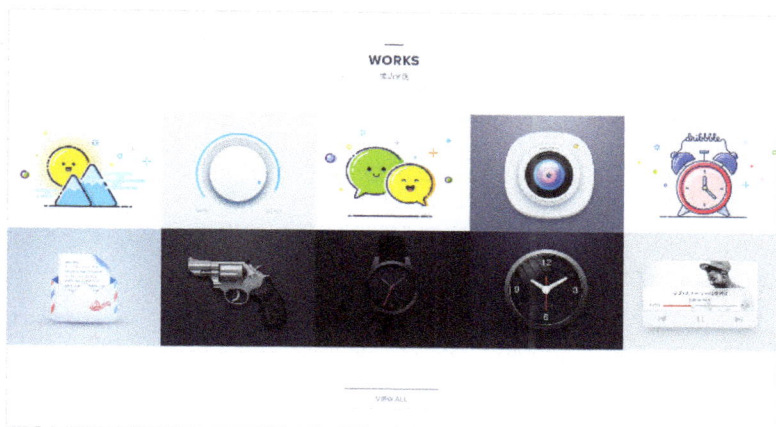

图6-2 图集展示区域的效果

　　通常，设计师的工作室网站都是由设计师自己独立完成的，因此设计师对方案和核心需求大多了然于胸，在界面布局上有充分的自由性，在设计前期，只需要简单勾勒设计草图、确认各区域的形状与关系即可，而原型图的步骤可以省略。

　　在草图的具体绘制过程中，要灵活运用知识结构，提高效率，节省工作时间，草图的绘制效果如图6-3所示。

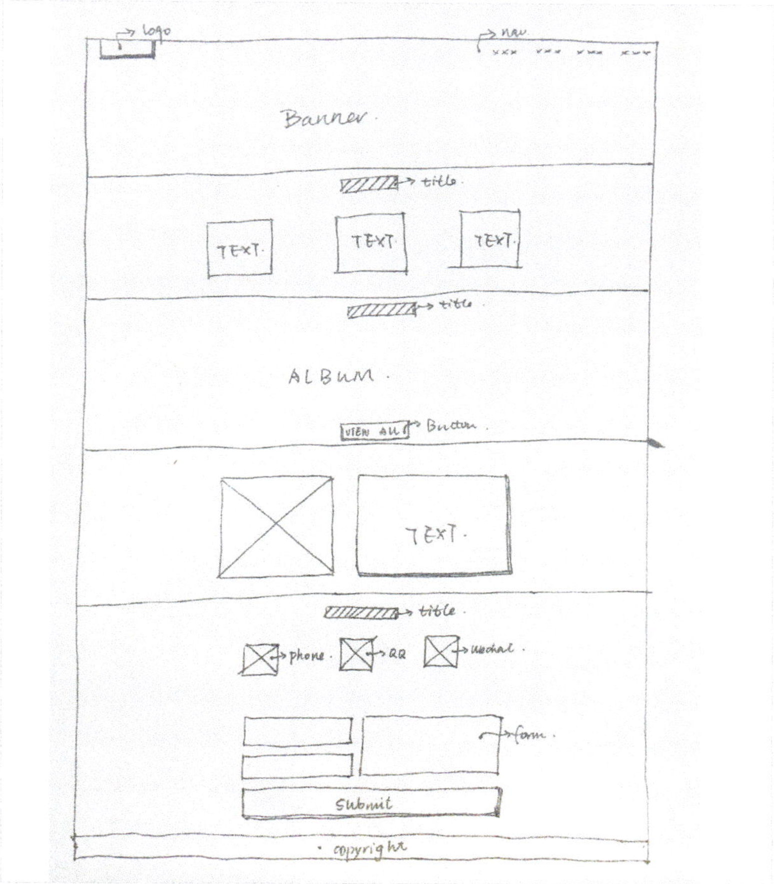

图6-3 草图设计

6.1.2 确定设计规范

设计师的工作室网页设计一般包含设计师的个人资料、个人作品、服务内容以及联系方式等主要信息。在现今的网页设计趋势下，大多数网页设计偏向于极简主义的扁平化风格，这种风格在个人工作室的网页设计中尤其常见，它能够很好地突出核心内容，减少冗杂的元素带来的视觉干扰，也在一定程度上减少了设计师的工作量。在移动端的适配上，扁平化设计的优势也更为突出。

在本案例中，网页风格同样倾向于扁平化。在配色方面，选用了带有灰调的蓝色，辅助色使用白色或浅灰色如图6-4所示。

在字体的选择上，汉字字体使用的是微软雅黑，英文字体使用的是Arial和Verdana，如图6-5所示。

| #f8f8f8 | #272833 | #ffffff | #3f4254 | #84838e |

图6-4 配色展示

微软雅黑
Arial
Verdana

图6-5 字体选择

提示

需要注意的是，如果页面中有大量的图片需要展示，那么在配色时可以用无彩色来进行搭配，这种配色方式的好处是能够尽量减少视觉干扰，同时能够更好地搭配色彩丰富的图片，不会使页面出现色彩上的冲突。

6.1.3 导航与Banner设计

导航与Banner是用户打开网页后第一眼看到的部分，优秀的Banner设计可以为网页增色，吸引用户的注意力。本案例将Banner设计为整屏的视觉效果，如图6-6所示，使其看上去更具视觉冲击力。采用这种设计方式，务必选择高清质量的图片作为素材，并且在选择与使用素材时应注意图片的版权，避免产生不必要的纠纷。

BEHIND EVERY GREAT PRODUCT
THERE ARE GREAT HUMANS

图 6-6 Banner展示效果

01 在Photoshop的"菜单栏"中执行"文件>新建"命令（快捷键为Ctrl+N），然后在弹出的"新建"对话框中将文档命名为StudioWebsite-V0.1，设置宽度为1920像素、高度为4500像素、分辨率为72像素/英寸、颜色模式为RGB颜色、背景颜色为白色，如图6-7所示。

02 案例中的导航与Banner共用相同背景，设计步骤，可以先进行背景图的设计，然后进行导航设计。在Banner的设计当中，将总高度设置为950像素，接着选择"矩形工具" ▣，沿参考线绘制一个1920像素×950像素的矢量矩形图形，颜色可随意填充，并将该矩形图层命名为bg-Banner，如图6-8所示。

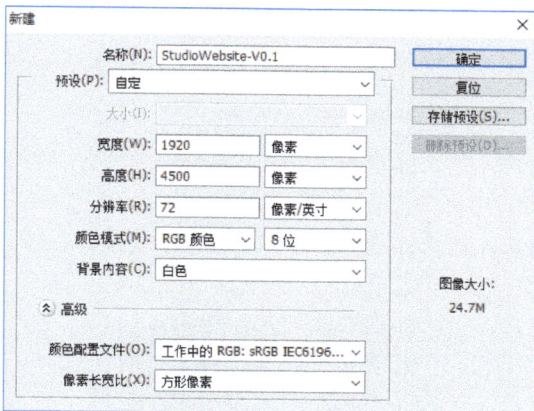

图6-7 文档设置

图6-8 绘制矩形工具

03 将Banner中用到的图片素材拖入画布中，如图6-9所示。

04 可以发现，拖入画布中的图片素材超过了原设定的950像素的高度，因此这里使用"剪切蒙版"将多余的部分隐藏起来，具体操作方式如下。

在图层面板中按住Ctrl键，用鼠标左键单击图层bg-Banner，此时画布上会出现一个尺寸为1920像素×950像素的选区，如图6-10所示。

图6-9 图片素材拖入画布

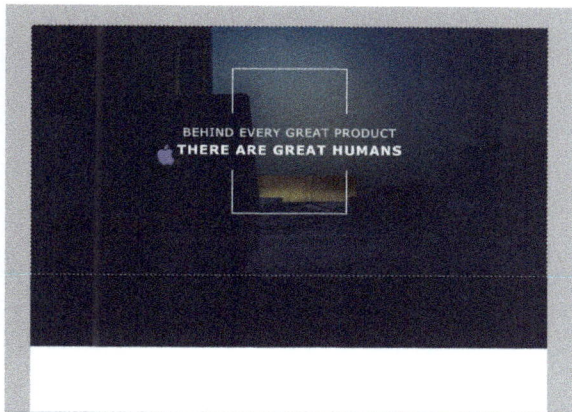

图6-10 创建剪切蒙版的区域

05 在图层面板中选择该图片所在的图层，并单击鼠标右键，同时选择"创建剪切蒙版"选项，如图6-11所示。

06 此时画布中多余的图片部分已经被隐藏起来了，如图6-12所示。

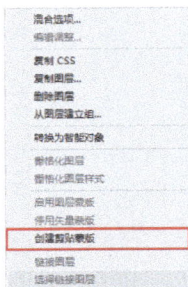

图6-11 创建剪切蒙版

图6-12 完成后效果

07 下面开始设计导航。首先将导航的高度设为70像素，然后将需要展示的Logo和文字分别摆放在网页的左右两端，效果如图6-13所示。

08 在导航功能的显示效果上，用一个小滑块来标示导航功能当前所在的位置，效果如图6-14所示。

图6-13 Logo与文字设计

图6-14 导航细化

09 由于整屏的Banner设计在一定程度上会打断用户的视觉浏览习惯，因此在设计时需要做好视觉导向的工作，例如，用一些文字或设计元素来提示用户。本案例在Banner的下方添加了一个鼠标形状的icon来引导用户继续向下滚动鼠标，效果如图6-15所示。

图6-15 用户引导设计

6.1.4 文字与图集板块的设计

■ 文字的排版与设计

网页的文字排版，一定要适当地留白。多数看上去效果很好的网页都比较注重留白，网页"透气性"佳，效果如图6-16所示。

图6-16 文字排版的"透气性"

为了更好地区分内容的层级，把设计图中的标题与文字进行色彩上的区分。其中第1层级内容主要为各板块的主标题和icon等，颜色选择深蓝色（#3f4254），如图6-17所示。设置英文主标题文字字体为Verdana，字体属性为Bold，如图6-18所示；设置中文主标题文字字体为微软雅黑，字体属性为Regular，如图6-19所示，设置完成的效果如图6-20所示。

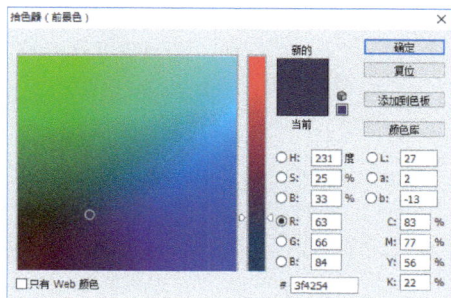

图6-17 字体颜色的设置　　　图6-18 英文主标题的设置　　图6-19 中文主标题的设置

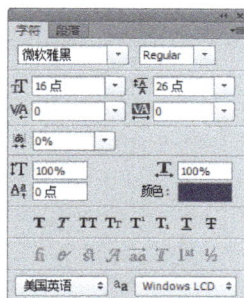

图6-20 完成后的效果

第2层级内容主要为各板块的副标题、正文内容等，使用较浅一些的灰色（#84838e），如图6-21所示，标题部分的描述文字设置如图6-22所示，分板块介绍中的描述文字设置如图6-23所示，最终效果如图6-24所示。

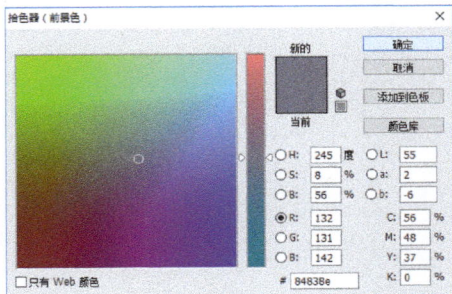

图6-21　字体颜色的设置　　　　图6-22　标题文字的设置　　　　图6-23　正文文字的设置

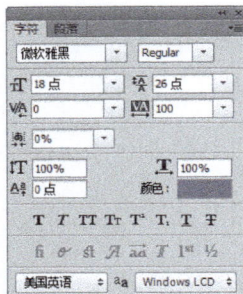

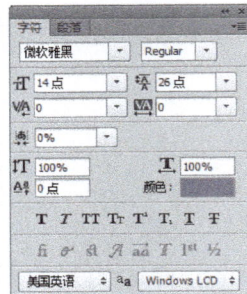

图6-24　完成后的效果

■ 图集板块的设计

图集的展示方式借鉴了当下比较流行的设计风格，它可以根据浏览器的宽度自动适配，这种展示方式在移动端的显示效果也同样优秀，且在苹果官网中，也可以见到类似的设计方式，如图6-25所示。

图6-25　苹果官网截图效果

在该案例中，需要根据网页的总宽度计算一下单张图片的宽度。例如，假设每行显示图片数为5张，计算方式应为页面总宽度÷每行显示数目=单张图片宽度，即1920（像素）÷5（张）=384（像素）。

展示图集时，需要把握好图片的尺寸比例和大小，常用的图片宽高比为4：3、3：2和5：3等。本案例中使用的图片宽高比为4：3，在尺寸的设置上要尽量选择整数值，以便于计算，案例中单张图片的高度设为300像素。

将以上这些都确定好之后，即可开始设计。

01 图集板块的设计与Banner的制作方式相同，首先要创建一个尺寸为384像素×300像素的矢量矩形，如图6-26所示。

图6-26 创建矢量矩形图形

图6-27 蒙版隐藏多余图片部分

02 将要展示的作品图片拖入画布中，然后在按住Ctrl键的同时单击矢量矩形图层，待选区出现后在图层面板中选中图片所在图层，并单击鼠标右键，选择"创建剪切蒙版"选项，隐藏图片多余的部分，效果如图6-27所示。

03 按照上一步的操作方法，将其他图片按需要的顺序排列进去，完成后的效果如图6-28所示。

图6-28 完成效果展示

04 在图集的下方设计了一个按钮，单击可进入二级页面，按钮的制作方法如下。首先绘制一个尺寸为230像素×50像素的矢量矩形，将矩形的描边设置为1像素，将描边的颜色设置为深蓝色（#272833），设置面板如图6-29和图6-30所示，完成后的效果如图6-31所示。

图6-29　矩形描边样式的设置　　　　图6-30　矩形描边颜色的设置　　　　图6-31　完成后的效果

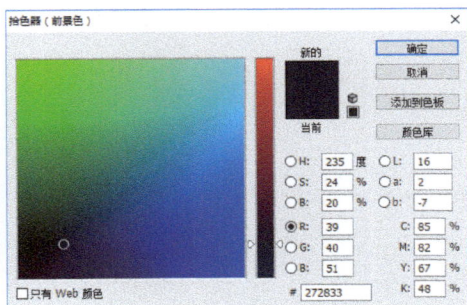

05 使用"文字工具" T 为按钮添加文字信息，文字样式设置如图6-32和图6-33所示，完成后的局部效果如图6-34所示，完成后的整体效果如图6-35所示。

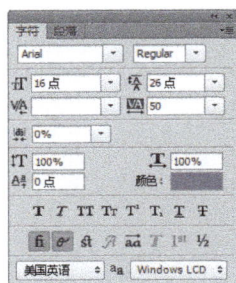

图6-32　字体样式的设置　　　　图6-33　字体颜色的设置　　　　图6-34　局部效果

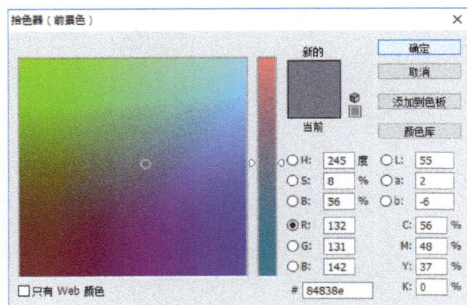

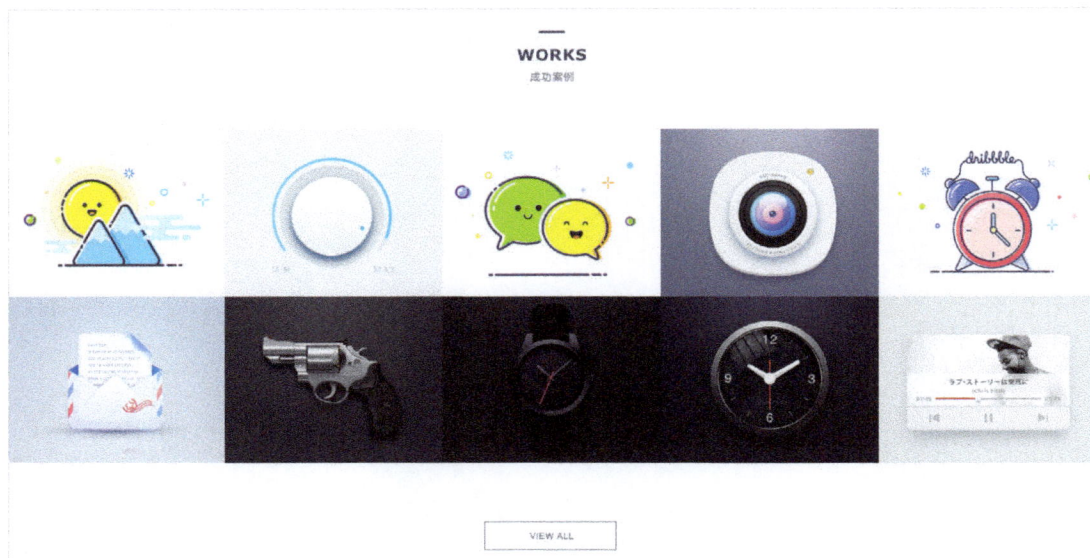

图6-35　整体效果

- ## 图文区域的排版

图片+文字是网页设计中最常见的组合形式。在网页设计中，图片与文字应保持适当的距离，同时在编排时文字的内容不宜过多，否则容易让人产生视觉疲劳感。

在图文区域的排版中，为了提升文章的易读性，会适当拉大文字的行间距和段落间的分隔距离，文字样式设置面板如图6-36所示，文字颜色选用灰紫色（#84838e），设置面板如图6-37所示。同时在图片的底部叠放一个矩形图层，以突出界面的层次感，完成后的效果如图6-38所示。

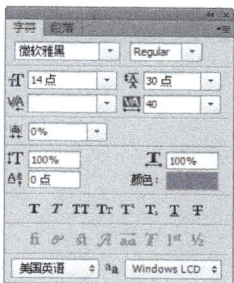

图6-36 字体样式的设置

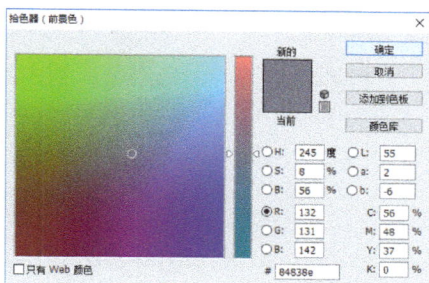

图6-37 文字颜色的设置

图6-38 完成后的效果

6.1.5 表单与辅助信息

- ## 表单设计

"联系方式"信息板块的设计采用了表单和图形结合的样式，简化内容的同时使页面形式更加活泼。表单背景选用深蓝色（#272833），表单的设计使用了干净的白色作为主色调，并在输入框内设置"提示"功能，方便信息录入，设置面板如图6-40~图6-42所示，完成后的效果如图6-43和图6-44所示。

图6-39 背景颜色的设置

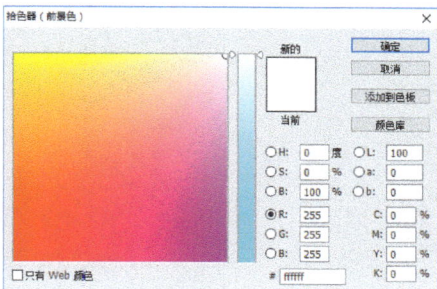

图6-40 主色调的设置

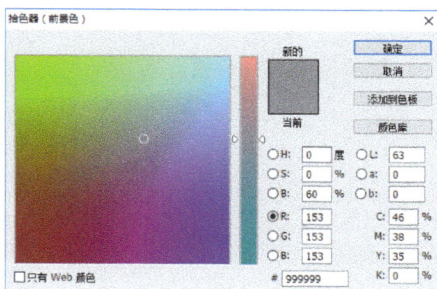

图6-41 字体颜色的设置

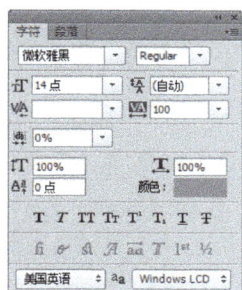

图6-42 字体样式的设置

145

图6-43 局部效果

图6-44 整体效果

■ 辅助信息

在网站的最下方位置，通常会有社交媒体入口以及相关的版权信息，这部分内容的设计要尽量做到简洁，以免喧宾夺主，在配色上可以选择无彩色系来搭配，颜色设置如图6-45和图6-46所示，完成后的效果如图6-47所示。

图6-45 社交媒体及版权信息颜色的设置

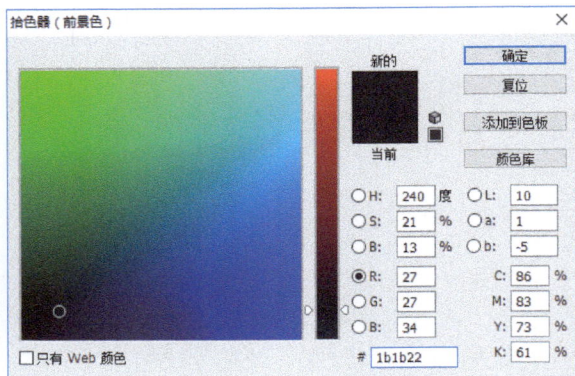

图6-46 背景色的设置

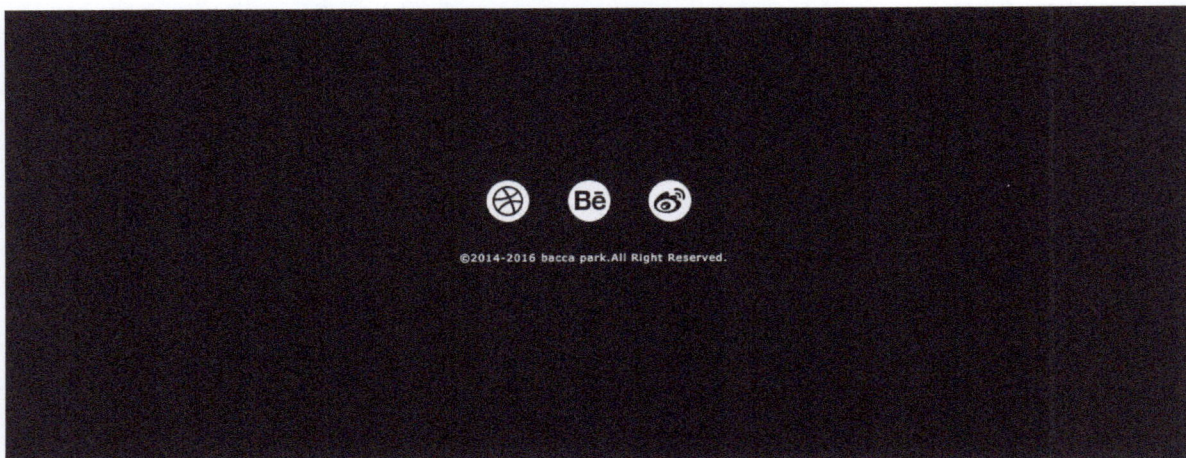

图6-47 完成后的效果

6.2 酒店预订网页设计

6.2.1 设计需求的确定

网上酒店预订是日常生活中常会使用的网页功能之一。一般情况下，使用的流程为用户注册、酒店选定以及完成支付等。

这里选取了某一个酒店的"网站首页"作为练习案例，进一步学习网页布局及网页视觉优化方面的技巧，效果如图6-48所示。

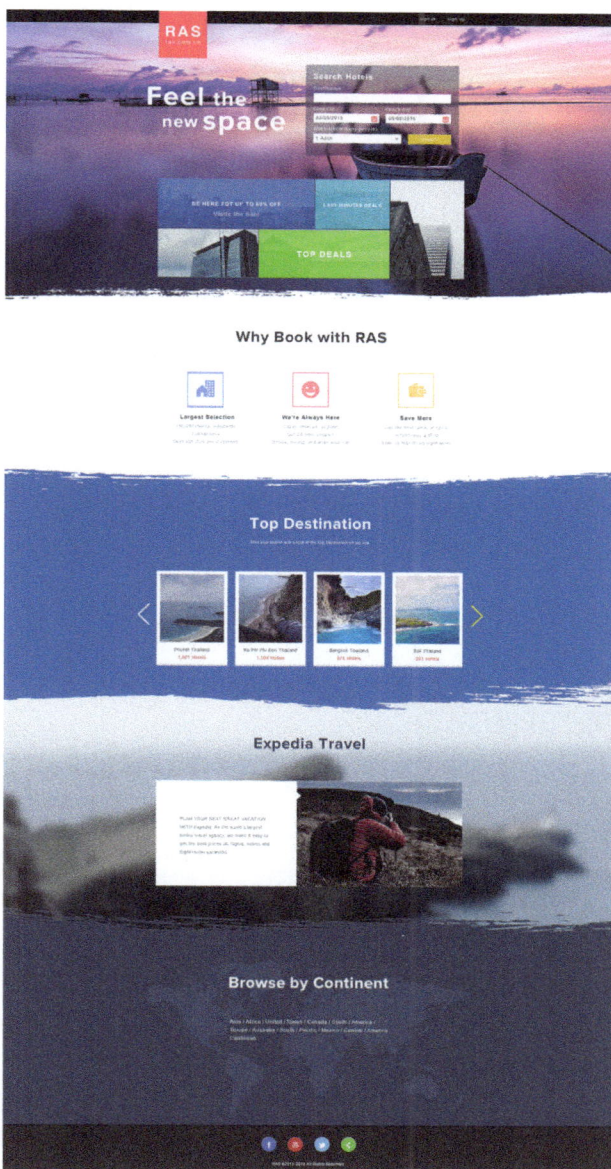

图6-48 网页完成效果图

根据多数网站的设计惯例和用户的使用习惯，网站首页一般设置有酒店选择、促销信息以及网站介绍等功能；在网页的布局上，需要做到张弛有度、疏密结合，保留适当的留白空间来缓冲大量信息带来的视觉疲劳感。草图绘制完成后的效果如图6-49所示。

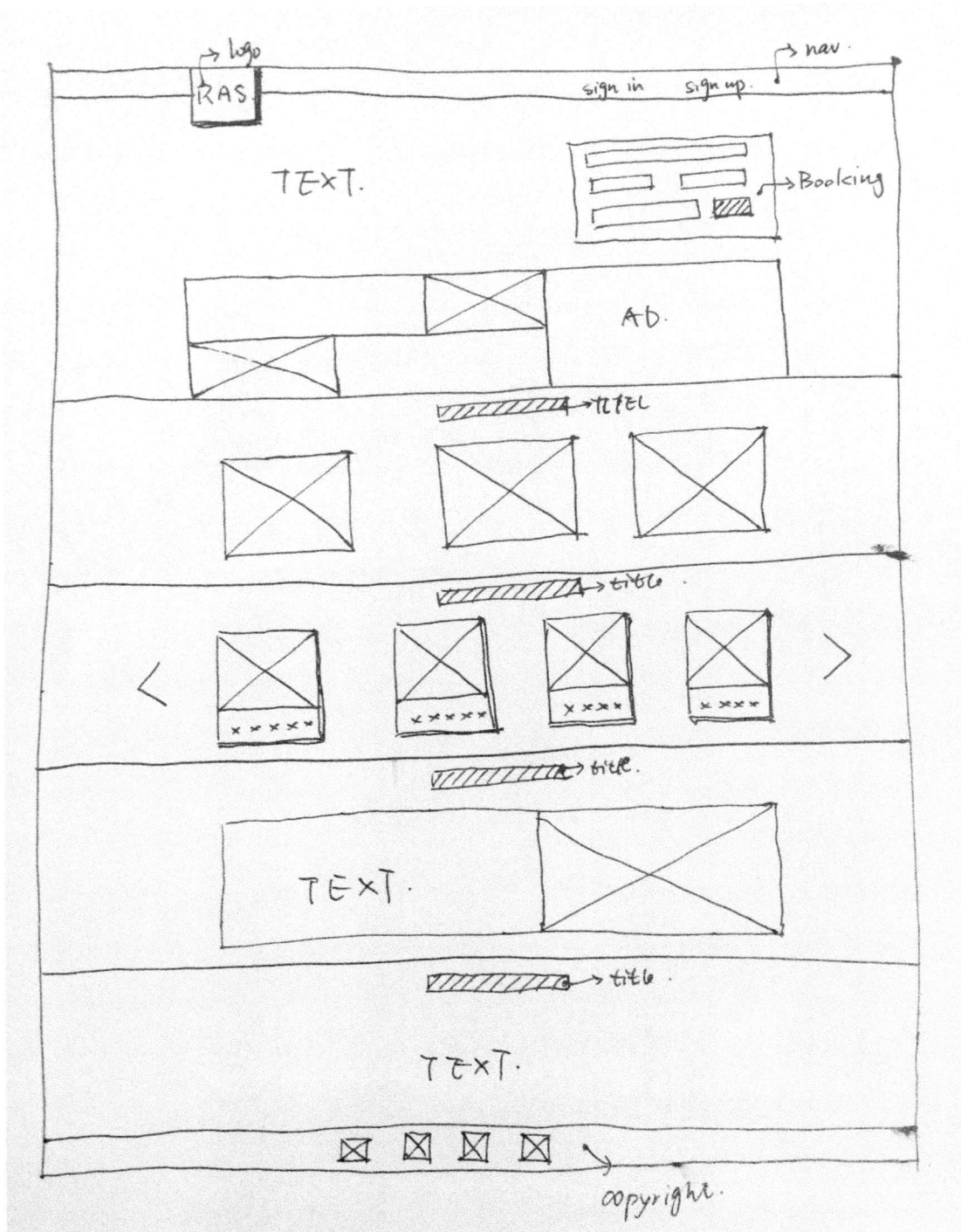

图6-49　草图绘制效果

6.2.2 确立设计规范

网站的设计风格，依然选择当下流行的扁平化风格。同时，希望用户在浏览网站时能有赏心悦目的感觉，因此在设计上会采用大量的实景图片来提升视觉体验，颜色选择明度、饱和度较低的色彩，以保证视觉上不会显得混乱，如图6-50所示。

在字体设计上，用部分英文字体来提升设计感，英文字体选用的是Arial和ProximaNova，中文字体选用的是微软雅黑，如图6-51所示。

图6-50 配色展示

图6-51 字体效果示意图

6.2.3 导航设计

导航采用顶部设计，用较重的黑色来压住顶部的色调，同时在导航的左侧搭配较明亮的红色Logo，既显得十分稳重又不会过于沉闷。导航的设计建议用简单清爽的风格，不宜过于花哨，如图6-52所示。

01 在Photoshop的"菜单栏"中执行"文件>新建"命令（快捷键Ctrl+N），然后在弹出的"新建"对话框中将文档命名为BookingWebsite-V0.1，将宽度设置为1920像素，高度设置为3700像素，分辨率设置为72像素/英寸，如图6-53所示。

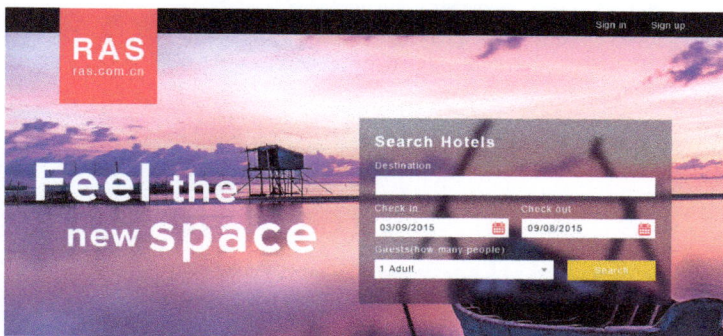

图6-52 导航设计

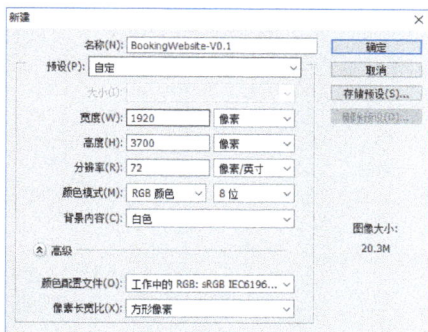

图6-53 文档设置

02 新建一条高度为40像素的参考线，然后选择"矩形工具" ▣，并沿参考线绘制一个1920像素×40像素的矢量矩形图形，并将图层填充为黑色（#000000），如图6-54和图6-55所示。

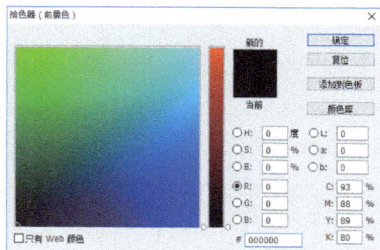

图6-54 导航背景色设置

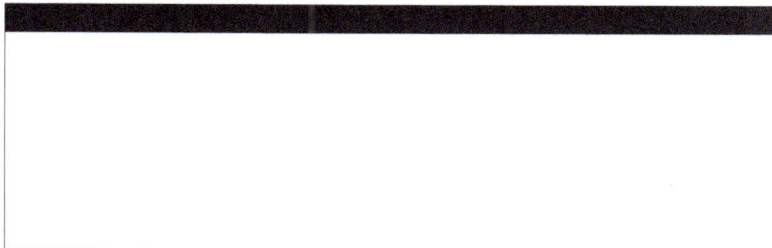

图6-55 效果图展示

03 将内容区的宽度设置为960像素，然后新建两条参考线以控制中心内容区的范围，参考线左右边距的计算方式为（1920－960）÷2＝480，参考线效果如图6-56所示。

04 在主内容区的左上角设置一个网站Logo。新建一个矢量矩形图形作为Logo背景，设置图形尺寸大小为150 像素 ×150像素，并将颜色填充为玫红色（#ff4773），如图6-57所示。

图6-56 创建参考线

图6-57 Logo背景色

05 将练习时使用的Logo拖入画布当中，并将其置于Logo背景图层的上方，效果如图6-58所示。

06 导航右侧为网站Sign in(登录)和Sign up(注册)入口，设置字体为Arial Regular，字号为14号，字体颜色为灰色（#cccccc），如图6-59~图6-61所示。

图6-58 Logo效果展示

图6-59 文本格式的设置

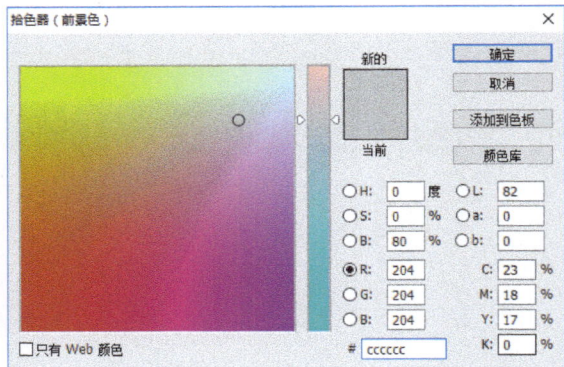

图6-60 字体颜色的设置

图6-61 完成后的效果

6.2.4 Banner设计

案例的Banner中包括一部分表单、促销信息的设计。表单的设计需注意选项要明确，避免产生歧义，否则容易使用户混淆和误选。同时，应注意控制各部分的间距，促销信息的设计应注意虚实对比，尽量避免大量的文字描述，以免造成视觉疲劳，这里建议采用图片与文字信息结合的方式，如图6-62所示。

在Banner背景的设计上，我们摒弃了以往常见的"矩形分割"样式，采用了类似"笔刷"的背景样式，从而使整个页面显得更为活泼。在这里，可以找一些笔刷的矢量素材来实现这一样式，如图6-63所示。

图6-62 Banner效果

图6-63 笔刷效果

01 新建画布。新建一条高度为950像素的参考线，选择"矩形工具" ▣，并沿参考线绘制一个尺寸为1920像素×950像素的矢量矩形图形，并将该图形的图层命名为bg-Banner，如图6-64所示。

图6-64 创建矢量矩形图形

02 将选好的背景图拖入画布，按住Ctrl键的同时用鼠标左键单击图层面板中的bg-Banner图层，然后用鼠标右键单击"背景"图层，同时选择"创建剪切蒙版"，如图6-65和图6-66所示。

图6-65 图层面板效果

图6-66 完成后的效果

03 这一步将通过叠加"矢量笔刷图形"来制作笔刷效果。首先将选好的笔刷拖入画布中，并调整好形状和位置，如图6-67所示。

图6-67 创建笔刷效果

04 为"笔刷"图层添加"图层样式"效果。选中该图层并打开"图层样式"面板，勾选"颜色叠加"选项，将"混合模式"设置为正常，颜色设置为白色（#ffffff），如图6-68~图6-70所示。

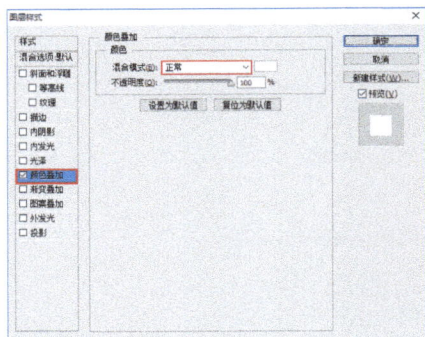

图6-68 图层样式的设置

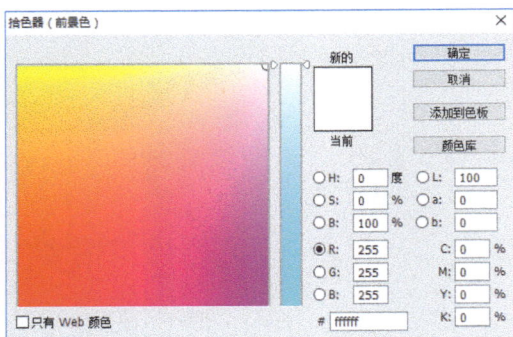

图6-69 笔刷颜色的设置

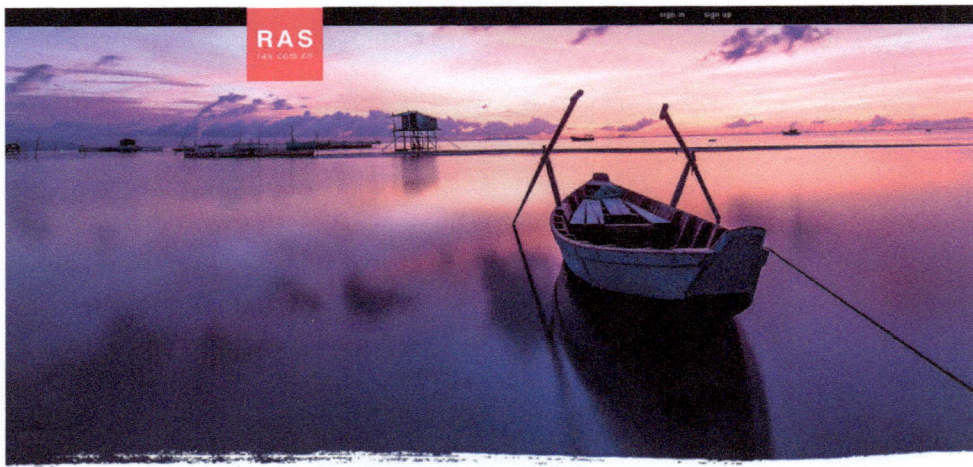

图6-70 完成后的效果

6.2.5 图文排版设计

针对本案例中的"企业介绍"区域，采用了"图文结合"的方式，这也是当下设计中常用的设计风格。同时，在摆放图片和文字时，应采用统一的对齐方式，以保持视觉上的统一感。此外，文字的摆放应注意字体视觉的强弱对比，可用不同字号或不同颜色等方式来对信息的层级加以区分，如图6-71所示。

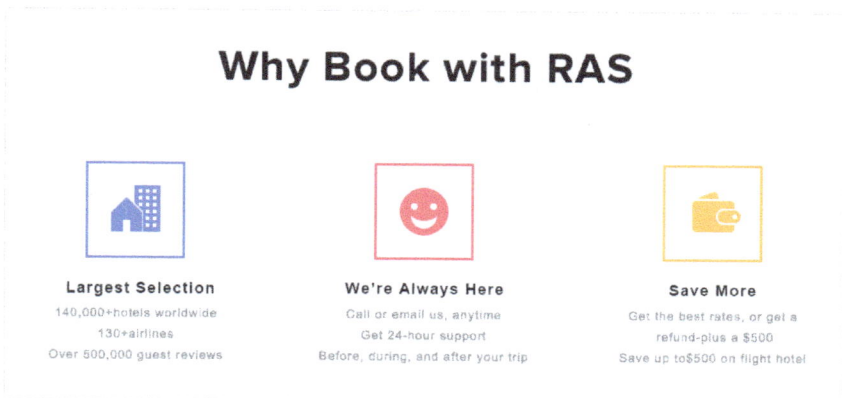

图6-71 图文排版

01 新建画布，将需要的文字和图片都拖入画布当中，设置图片和文字为"居中对齐"样式，设置主标题字号为50点，字体为Proxima Nova，字体属性信息为Bold，字体颜色为深灰色（#333333），如图6-72~图6-74所示。

图6-72 文本格式设置　　　　　图6-73 字体颜色的设置　　　　　图6-74 完成后的效果

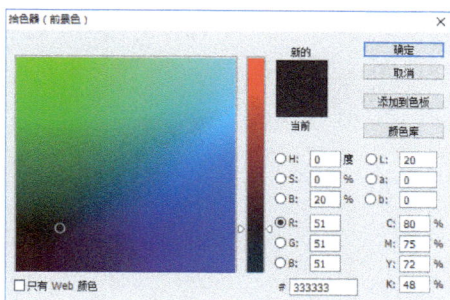

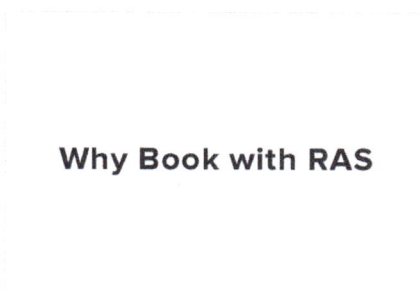

02 为了保持视觉上的统一性，为"企业介绍"区域里的每个图标添加一个边框。在"工具栏"中选择"矩形工具" ，并绘制一个矩形图形，设置矩形的描边颜色为蓝色（#809cdc），描边大小为3像素，颜色填充样式为无，如图6-75所示。将绘制好的边框复制两个出来，并分别修改成粉红色（#f686a6）和黄色（#ffd668），然后逐一将图标框定起来，效果如图6-76所示。

图6-75 矩形样式设置　　　　　　图6-76 完成后的效果

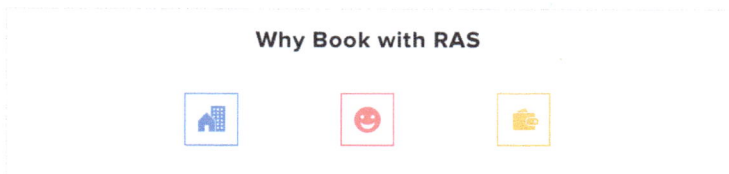

153

03 文本的层级用不同颜色、不同字号加以区分和显现。设置标题文字的字体为Arial，字体属性信息为Bold，字号为18点，字体颜色为深灰色（#333333），如图6-77~图6-79所示。

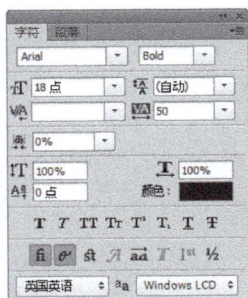

图6-77 文本格式的设置　　图6-78 字体颜色的设置　　图6-79 完成后的效果

04 设置详情描述文字的字体为Arial，字体属性信息为Regular，字号为14点，字体颜色为浅灰色（#9a9a9a），如图6-80~图6-82所示。

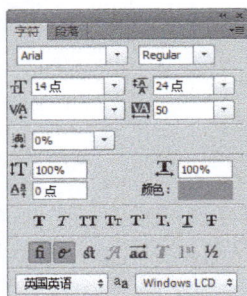

图6-80 文本格式的设置　　图6-81 字体颜色的设置　　图6-82 完成后的效果

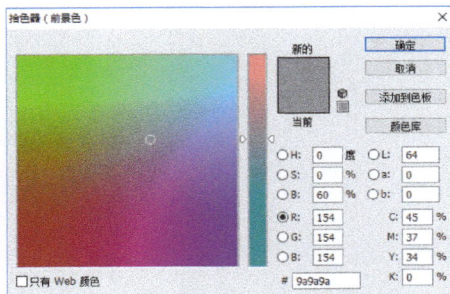

6.2.6 图集设计

图集部分的设计采用左右滑动的"焦点"样式，既可为页面增加动感，也避免了因为图片过多而影响页面的美观度。设计时要注意单张图片的宽高比，尽量保持在3:2、4:3或5:4的比例，如图6-83所示。

图6-83 图集设计

图集展示部分的背景与Banner类似，均采用"笔刷"的样式。笔刷素材的选择尽量要有一些变化，可以通过垂直或水平变换来营造不同的效果，如图6-84所示。

图6-84 笔刷的变换效果

01 新建画布，标题字号要与其他同等级的标题字号保持一致，设置字体为ProximaNova，字体属性信息为Bold，字体颜色为白色（#ffffff），如图6-85~图6-87所示。

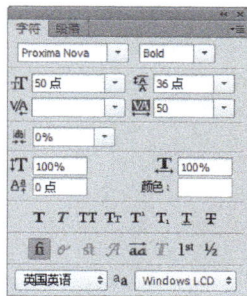

图6-85 文本格式的设置　　　　图6-86 字体颜色的设置　　　　　　图6-87 完成后的效果

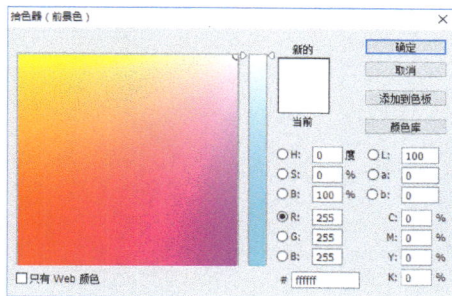

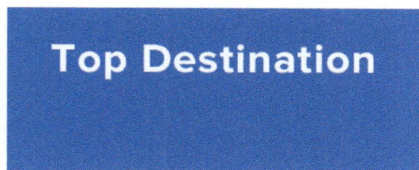

02 设置标题下方的文字字体为Arial，字体属性信息为Regular，字号为14点，字体颜色为白色（#ffffff），如图6-88~图6-90所示。

图6-88 文本格式的设置　　　　图6-89 字体颜色的设置　　　　　　图6-90 完成后的效果

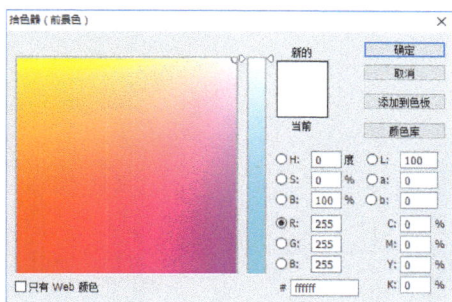

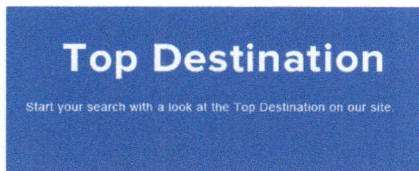

03 图集的展示采用"轮播"的形式，单张图片（含背景）宽度的计算公式为（总宽度-图片间距×3）÷4。假设将图间距设为22像素，则单张图片（含背景）宽度的计算公式为（960-22×3）÷4=222（像素）。这里按照2∶3左右的比例将图片高度设为300，根据这一尺寸，新建一个矢量矩形图形，设置尺寸为222 像素 ×300像素，颜色填充为白色（#ffffff），如图6-91和图6-92所示。

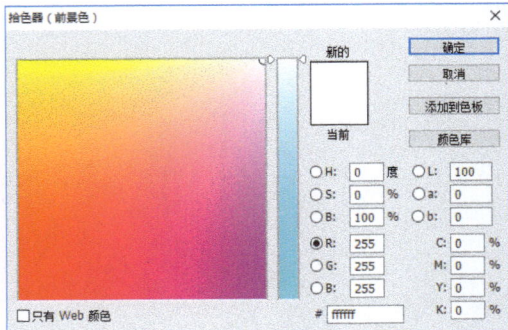

图6-91 背景色设置

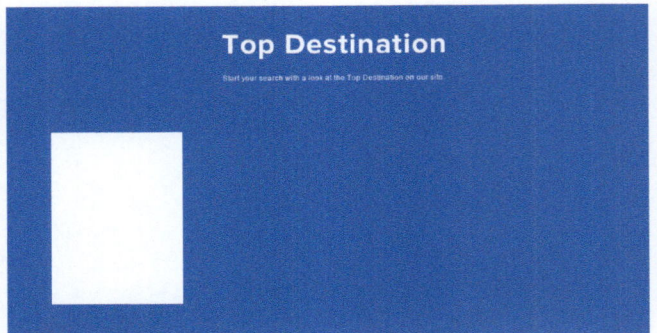

图6-92 完成后的效果

04 新建一个矩形矢量图层，设置矩形尺寸为200像素×220像素，颜色可任意填充，然后将图层命名为bg-img，同时对该图层与图集的单张背景图层做"居中对齐"处理，如图6-93所示。

05 将需要展示的图片拖入画布当中，然后按住Ctrl键的同时用鼠标左键单击图层面板中的bg-Banner图层，然后用鼠标右键单击"背景"图层，同时选择"创建剪切蒙版"，如图6-94所示。

图6-93 创建图片背景图形

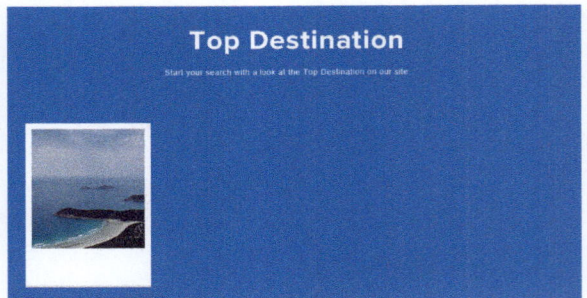

图6-94 通过"蒙版"填充图片素材

06 为图片添加描述性文字内容，设置文字标题的字体为Arial Regular，字号为14点，字体颜色为浅黑色（#33333），如图6-95~图6-97所示。

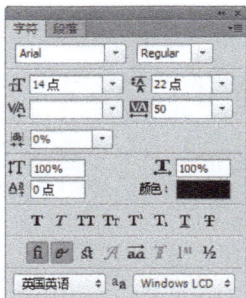

图6-95 文本格式的设置

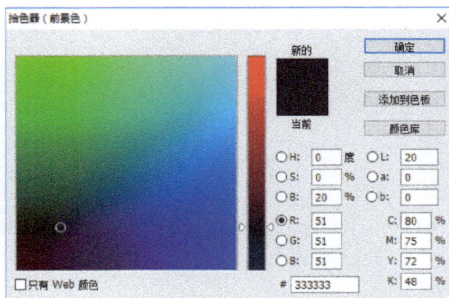

图6-96 字体颜色的设置

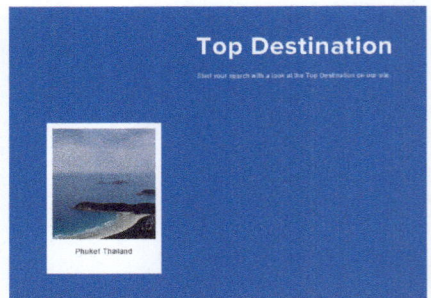

图6-97 完成后的效果

07 添加副标题文字信息，设置副标题的字体为Arial Regular，字号为14点，字体颜色为红色（ff2b3a），如图6-98~图6-100所示。

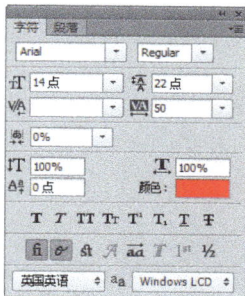
图6-98 文本格式的设置

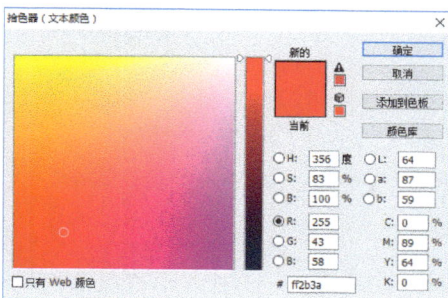
图6-99 字体颜色的设置

图6-100 完成后的效果

08 为了使页面有一些层次感，这里为白色背景图层添加一些投影效果。用鼠标左键单击该背景图层，在弹出的"图层样式"面板中，选择"投影"选项，设置混合模式为"正常"，不透明度为100%，角度为90，距离为4，颜色为灰色（#e2e2e2），如图6-101~图6-103所示。

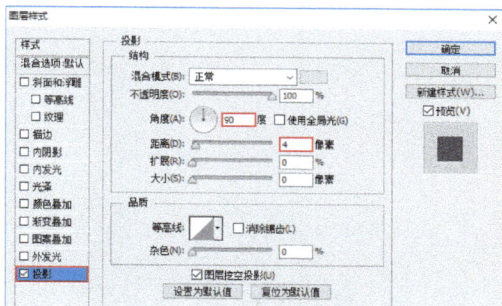
图6-101 图层样式面板设置

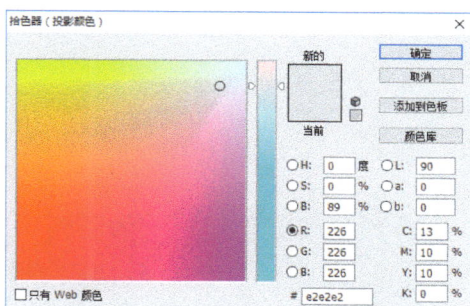
图6-102 投影颜色的设置

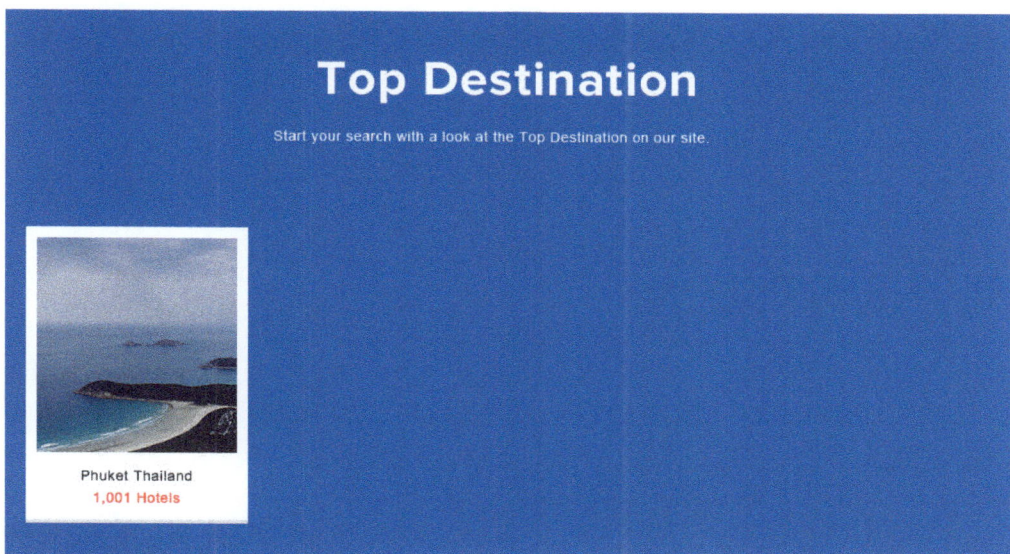
图6-103 完成后的效果

09 将上一步制作好的图层编组（快捷键为Ctrl+G），并将该组复制3个出来，同时横向水平拖动，设置组间距为22，效果如图6-104所示。

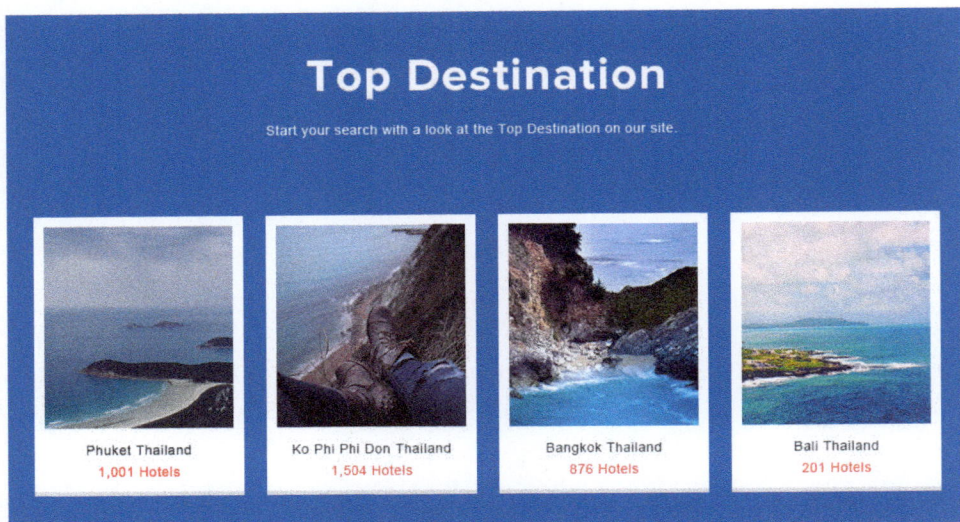

图6-104 完成后的效果

10 在左右两边各添加一个箭头，这部分的设计就完成了，如图6-105所示。

图6-105 为图集添加左右箭头指示

6.2.7 企业信息设计

　　企业信息和辅助信息的背景设计，同样采用"笔刷"的样式，制作方法与之前相同。在遇到图片或文字展示的情况时，可以对背景图进行"高斯模糊"处理来减弱视觉效果，这种设计手法在日常设计中的应用广泛，灵感主要来自相机拍照产生的景深效果，因为模糊的背景可以突出前景元素，具有非常好的视觉体验，如图6-106所示。

　　图文排版需要控制文字的数量，尽量不要出现大篇幅的段落描述，否则会令用户产生焦虑和紧张的心理。相比大段的描述，精简的文案更能吸引用户的注意力，也更能引起用户的阅读兴趣，如图6-107所示。

图6-106 "高斯模糊"效果

图6-107 完成后的效果

　　针对页面左侧的标题和文字信息，在设计上使用了相同的字体，但用不同颜色和字号进行了层级区分。排版时，可参考和借鉴多种形式，并加以结合运用，而不必拘泥于一种形式。

　　辅助信息区域的设计，不必使用太多花哨的颜色做搭配，以免给用户过于强烈的视觉刺激。可选取明度和饱和度都比较低的色彩来进行搭配，同时注意控制页面内设计元素的数量，避免喧宾夺主，这也是辅助功能区的基本设计原则，如图6-108~图6-111所示。

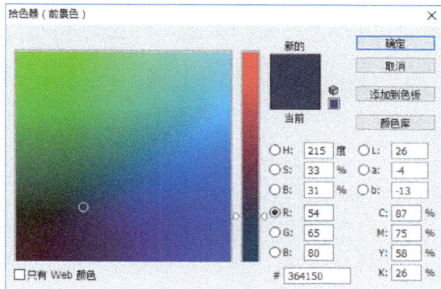

图6-108 背景色的设置

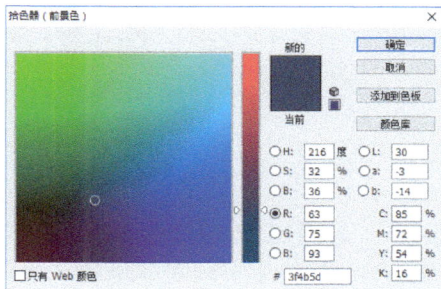

图6-109 地图素材的颜色调整

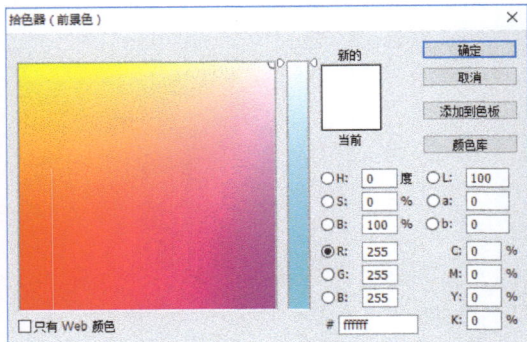

图6-110 字体颜色的设置

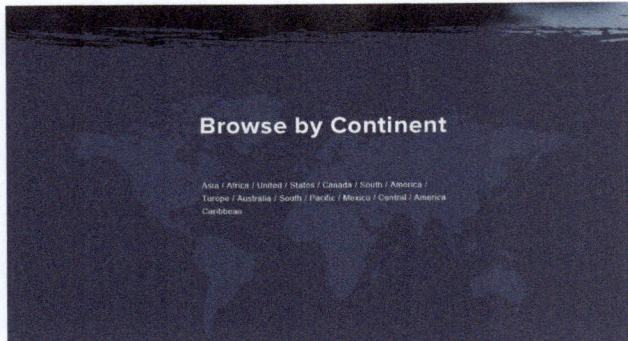

图6-111 完成后的效果

由于深色可以压住整个页面的视觉效果，使网页看上去更为稳重，因此针对该区域最下方的"社交链接信息"部分，背景色使用的是整个网页中除顶部导航外最深的深灰色（#2e2e2e），如图6-112所示。

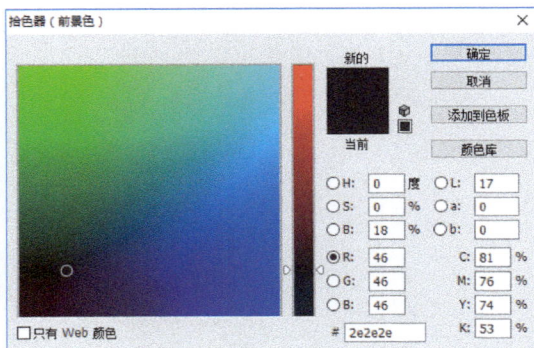

图6-112 背景色设置

该区域里的4个社交媒体图标的背景颜色，选择的是4种较为明亮的颜色，目的是突出媒体图标，同时衬托出整个网页的活泼之感，如图6-113所示。

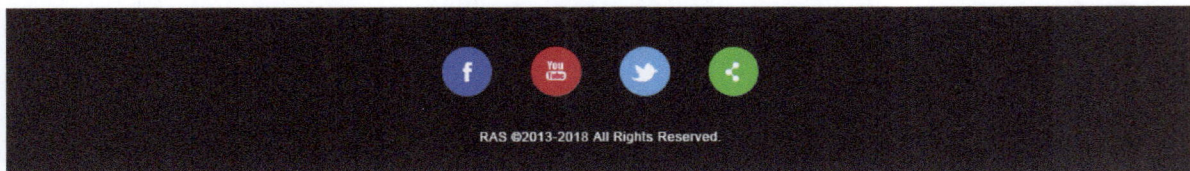

图6-113 社交媒体设计

— 提示 —

在设计过程中，如果遇到过于沉闷的配色方案，可使用少量明度或饱和度较高的色彩来提升页面的设计感。配色时，要注意观察这些颜色是否与周边的设计元素相协调。

6.3 旅游工作室网页设计

6.3.1 设计需求的确定

旅游工作室网页板块主要包括网站主页、新闻列表页、新闻详情页和图文列表页等。在本案例的设计中，我们将摒弃以往的一些设计思路，剑走偏锋，尝试一些新的设计风格。

用户在浏览该类型的网站时，往往希望能通过网站看到世界各地的一些名胜景点，并从中选择一个理想的旅游目的地。因此，设计时应当把重心放在图片的选择以及图文的呈现方式上，这一点不仅仅适用于旅游类的网页设计，对于其他类型的网页设计来说，精致细腻的图片都会给设计锦上添花。

因此，在网页的视觉效果图设计阶段，一定要选择一些高品质的图片素材来填充模块，如图6-114~图6-116所示。

图6-114 背景图的选择（1）

图6-115 背景图的选择（2）

图6-116 背景图的选择（3）

设计网站首页时，可选用一些色彩饱满、艳丽的图片，这样更加能吸引用户的关注。在选择照片时，应尽量避免选择背景太杂乱的图片，以免干扰页面中的文字信息，如图6-117和图6-118所示。

图6-117 背景图的选择（4）

图6-118 背景图的选择（5）

在页面的布局上，我们准备参照杂志的排版方式，尽量减少页面中的元素，保证页面中有足够的留白。这种布局方式在欧美风格的网页设计中极为常见，通常设计师们会选用高质量的图片来填充页面，同时配合文字排版，达到让用户赏心悦目的目的。因此，我们也可以借鉴这种设计方式，简化页面布局，只保留有效信息，通过排版的变化让页面充满设计感，如图6-119和图6-120所示。

图6-119 精简的排版方式（1）

图6-120 精简的排版方式（2）

6.3.2 首页设计

首页的设计采用扁平化的设计风格，由于本案例是旅游工作室的网站设计，所以选择了一幅高清的风景图片作为首页背景，如图6-121所示。选择背景图片时，要注意避开太过花哨的图片，注意背景与主标题的对比度。

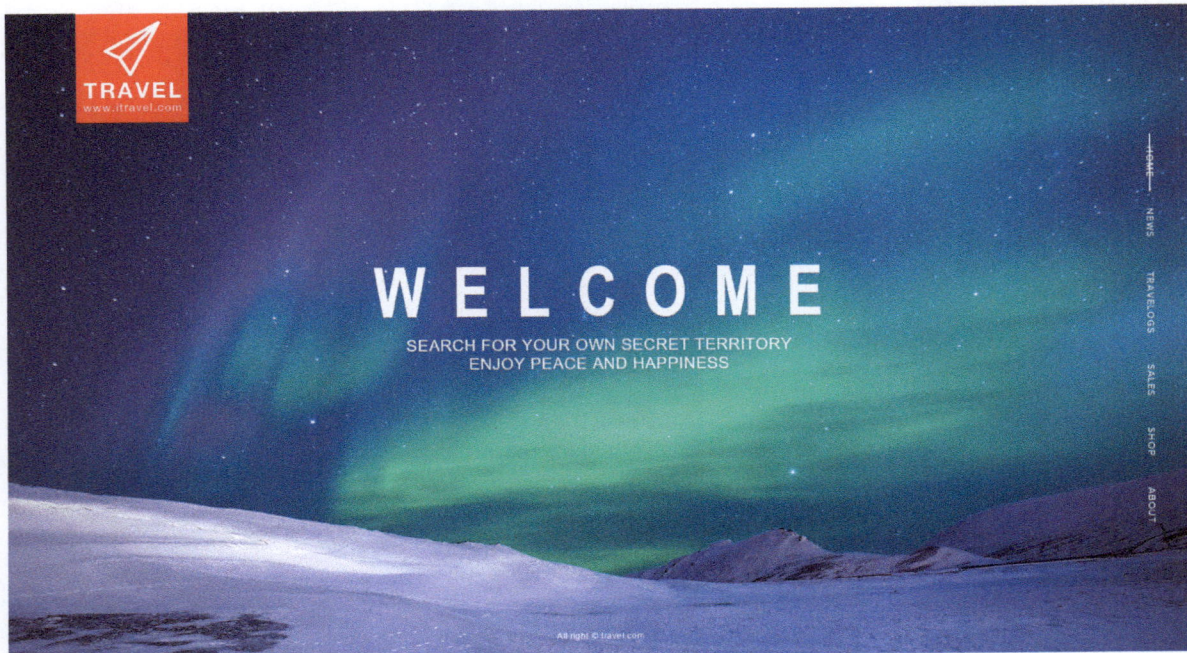

图6-121 首页效果展示

01 在Photoshop中新建一个文件，并将文件命名为travel_index，将宽度设置为1920像素，高度设置为1080像素，分辨率设置为72像素/英寸，如图6-122所示。

02 选择一张高清图片导入当前窗口中，作为首页的主体元素，以达到吸引用户眼球的目的，如图6-123所示。

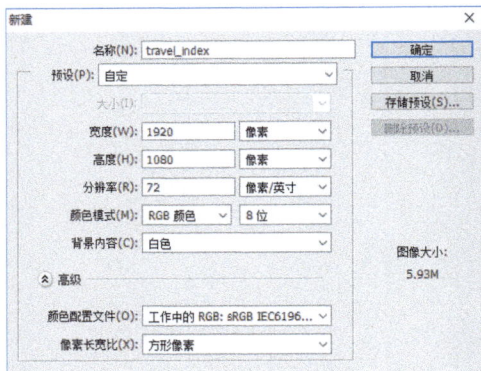

图6-122 文档设置

图6-123 填充首页背景图片

03 在页面中部偏上的位置设置一个欢迎语。在当前窗口中设置两条参考线，分别为垂直居中和水平居中样式，如图6-124所示。

04 参照参考线，将文本摆放在参考线偏上的位置，并将文本设置为居中对齐样式。选择字体样式为英文字体即Arial，好处是能提升页面的设计感，如图6-125所示。

图6-124 创建参考线

图6-125 字体选择

05 对标题文字即WELCOME进行"纵向拉伸"处理，设置"纵向拉伸"数值为130%，字号为90点，字间距为700，字体为Arial，字体属性为Bold。设置描述文字字体为Arial，字体属性为Regular，字号为26点，字间距为100，设置文字颜色为白色（#ffffff），如图6-126~图6-128所示。完成后的效果如图6-129所示。

图6-126 标题文字的设置

图6-127 描述性文字的设置

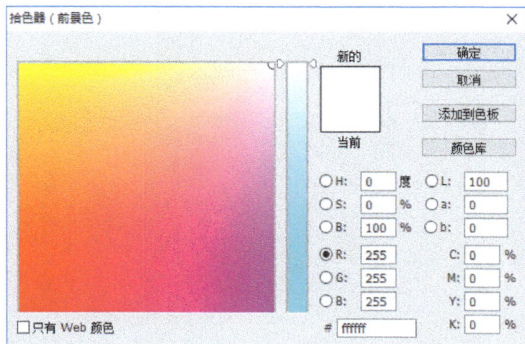

图6-128 字体颜色的设置

图6-129 完成后的效果

06 设计导航时，我们抛弃以往顶部的导航设计，将导航放置在页面的右侧，并做"垂直居中显示"处理，同时设置文字字号为16点，字间距为100，字体为Arial，字体属性Regular，字体颜色设置为白色（#ffffff），如图6-130~图6-132。

图6-130 文本格式的设置

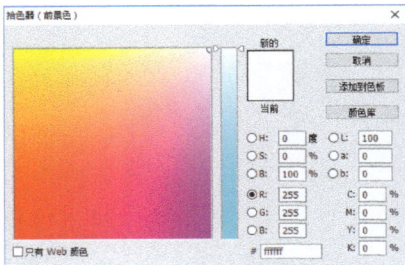

图6-131 字体颜色的设置

图6-132 完成后的效果

07 对于"当前选项"内容的设计，选择用一条横线来表示，如图6-133所示。

图6-133 导航细化

08 在页面的最下方添加网站的版权信息，字体为Arial，字体属性为Regular，设置字号为14点，字间距为50，字体颜色设置为白色（#ffffff），如图6-134~图6-136所示。

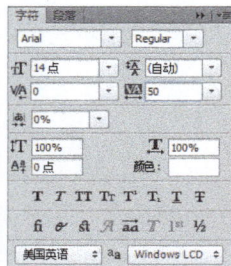

图6-134 文本格式的设置

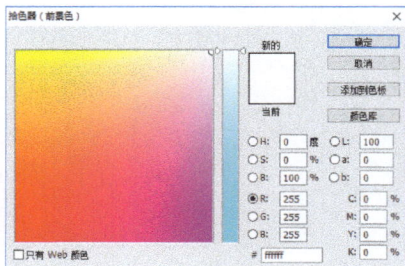

图6-135 字体颜色的设置

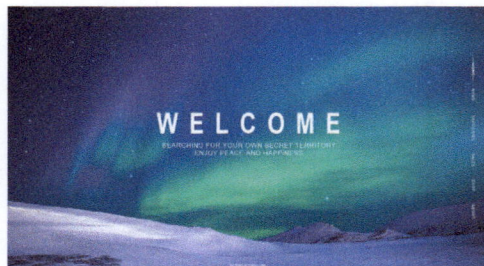

图6-136 完成后的效果

09 添加一个企业Logo。使用"矩形工具" 新建一个尺寸大小为180像素×180像素的矢量矩形图形，设置Logo背景色为红色（#ff1727），以突出Logo的位置，如图6-137和图6-138所示。

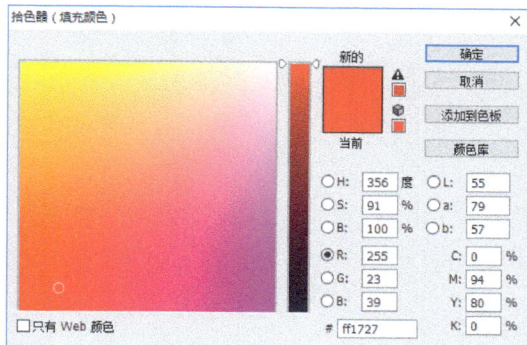

图6-137 矩形颜色的设置

图6-138 完成后的效果

10 将Logo文字和元素置于红色背景中，并缩放到合适的尺寸大小，如图6-139所示，最终完成后的效果如图6-140所示。

图6-139 Logo的设计

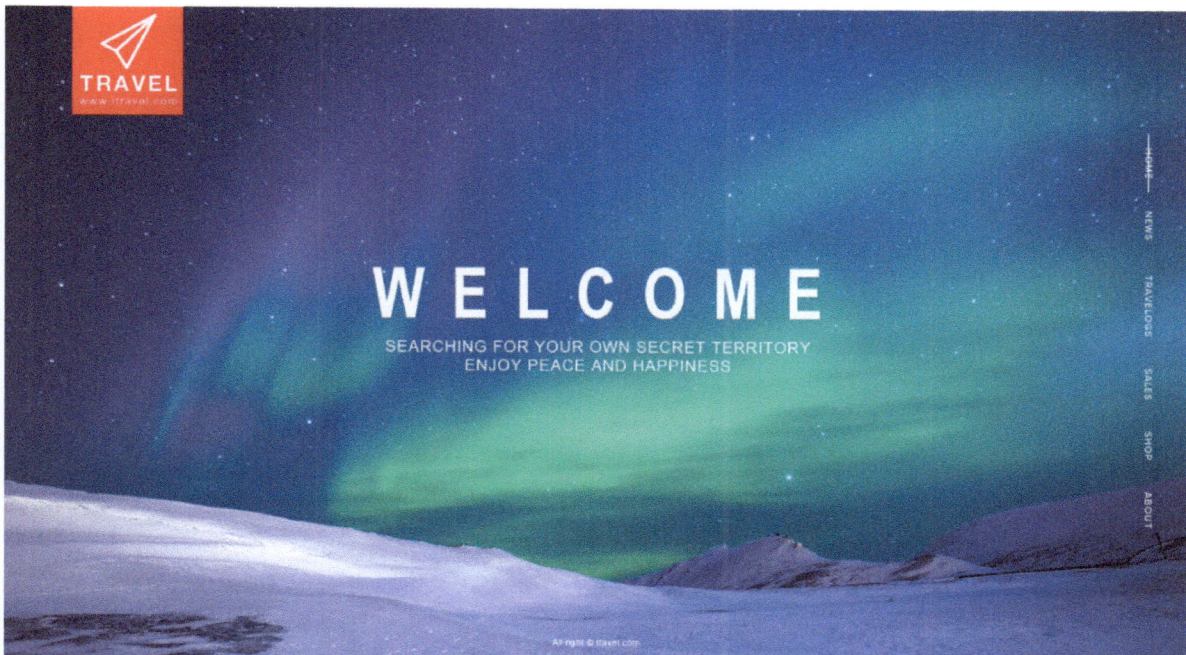

图6-140 完成后的效果

6.3.3 二级页：新闻列表设计

新闻列表板块的设计一般使用图片与文字相结合的排版方式，按照人从左至右的阅读习惯，通常图片会在左侧，文字在右侧，且图片的视觉量级要重于文字，因此"左图右文"的排版方式也可以起到视觉引导的作用，如图6-141所示。

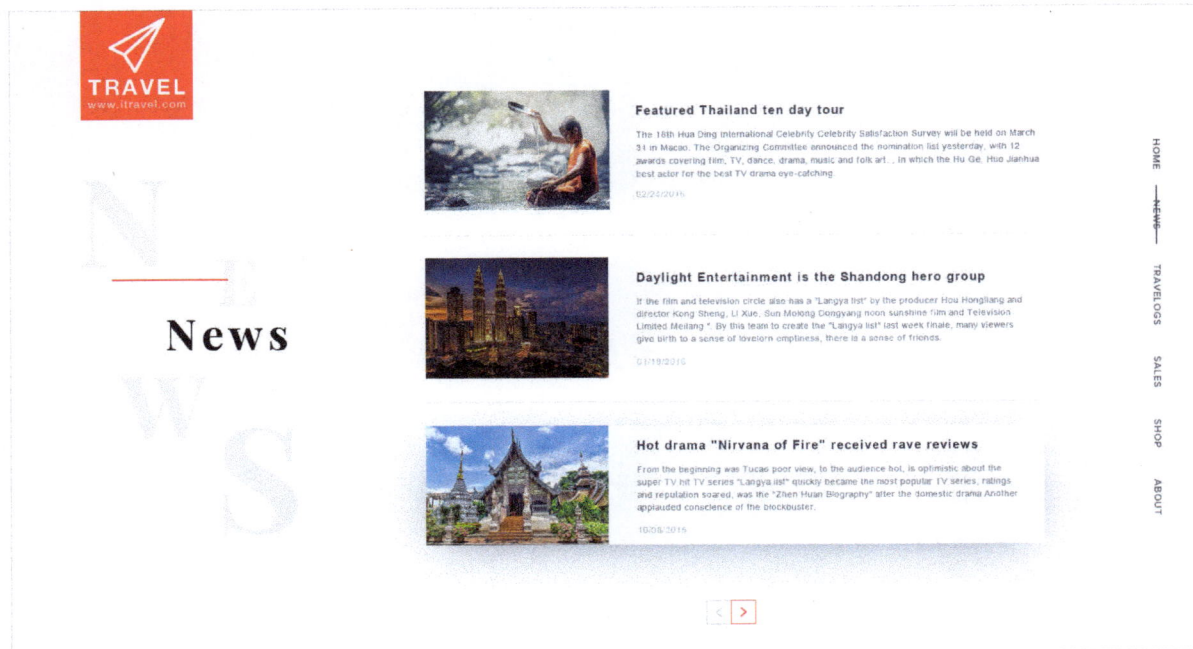

图6-141 新闻列表页效果展示

01 新建一个文件，并将文件命名为travel_list，设置宽度为1920像素，高度为1080像素，分辨率为72像素/英寸，如图6-142所示。

02 为了更好地配合页面中大量图片的排放，设计二级页时，将灰色和白色作为主色调，同时搭配醒目的红色来提升页面的设计感，使页面整洁有序，如图6-143所示。

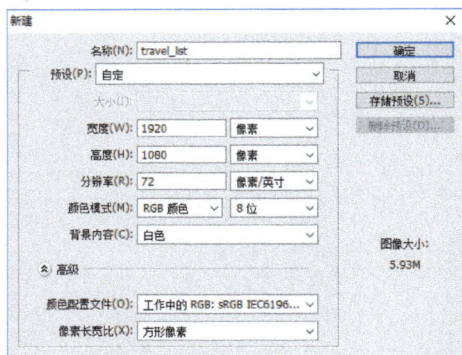

图6-142 文档设置

图6-143 配色方案

03 网站的二级页要与首页的设计风格保持一致，同时保留部分首页元素，如Logo和页面导航内容，目的是让页面看上去更具有连贯性和统一性，如图6-144所示。

图6-144 排版方式延续首页风格

04 接下来，参照杂志的左右布局和排版方式，在页面中添加一些装饰效果。为了不影响图片的展示，在这里将页面装饰和列表分别设置在页面的左右两侧即左侧为页面装饰，右侧为列表。页面内容使用浅灰色的字母作为填充，并采用不规则的布局方式让页面显得更为生动，同时，设置装饰性字母的字体为Playfair Display，字体属性为Bold，字体颜色为浅灰色（#f4f4f4），如图6-145~图6-147所示。

图6-145 字体效果示意图　　　　图6-146 字体颜色的设置　　　　图6-147 完成后的效果

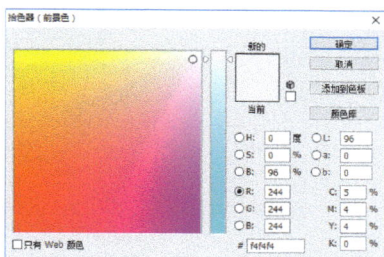

05 添加一些细节内容来丰富左侧的装饰效果。添加标题内容News，设置字体为Playfair Display，字体属性为Bold，字号为70像素，字间距为100，字体颜色为深灰色（#111111），如图6-148~图6-150所示。

图6-148 文本格式的设置　　　　图6-149 字体颜色的设置　　　　图6-150 完成后的效果

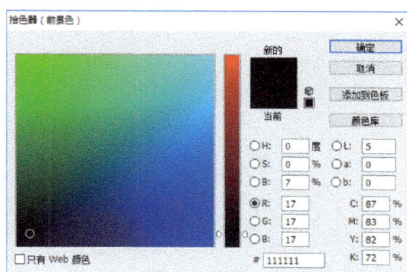

169

06 就上一步制作好的效果来看，左侧的装饰内容均为中性色，略显平淡，因此在这里使用"矩形工具" ▣ 在页面左侧添加一个尺寸为190像素×3像素的矢量矩形图形，并将矩形颜色填充为红色（#ff1727），如图6-151和图6-152所示。

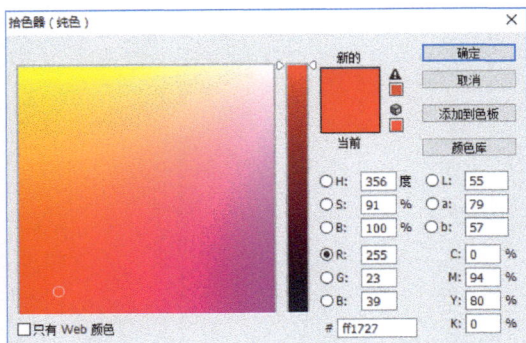

图6-151　矩形颜色的设置

图6-152　完成后的效果

07 设计右侧的图文列表。这里我们预备将页面右侧的图片用3∶2的排版比例进行设计，以配合大多数横向图片的排放，并且便于剪裁和缩放。首先，使用"矩形工具" ▣ 新建一个300像素×200像素的矢量矩形图形，并将该矩形图层命名为bg-photo，同时填充颜色为浅灰色（#dddddd），然后将找好的素材图片置于该图层当中，并将该图层命名为photo1，如图6-153和图6-154所示。

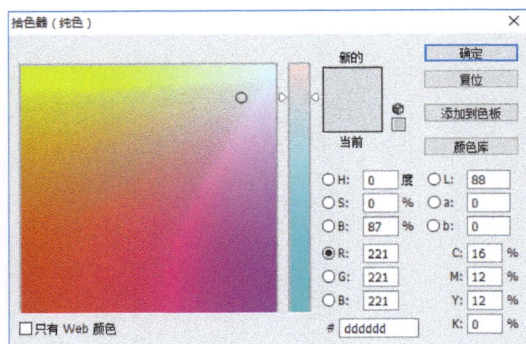

图6-153　矩形颜色的设置

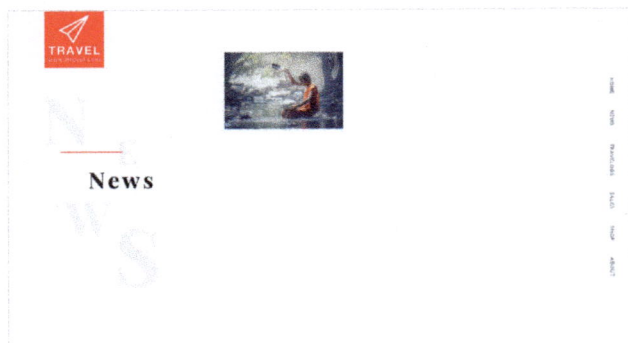

图6-154　完成后的效果

08 按住Ctrl键的同时，用鼠标左键单击bg-photo图层，此时可以发现图片中出现了一个虚线矩形，如图6-155所示。

—— 提示 ——

　　在视觉效果图区域里插入图片时，可采用"创建剪切蒙版"的方式，如此比较方便图片内容的后期修改。需要注意的是，在缩放图片前，需要先执行"转换为智能对象"的功能操作，否则会造成图片画质缺失。

图6-155　创建剪切蒙版区域

09 用鼠标右键单击photo1图层，在弹出的菜单中选择"创建剪切蒙版"选项，最后使用快捷键Ctrl+D取消选区，完成后的效果如图6-156和图6-157所示。

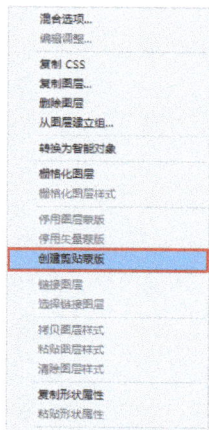

图6-156 创建剪切蒙版

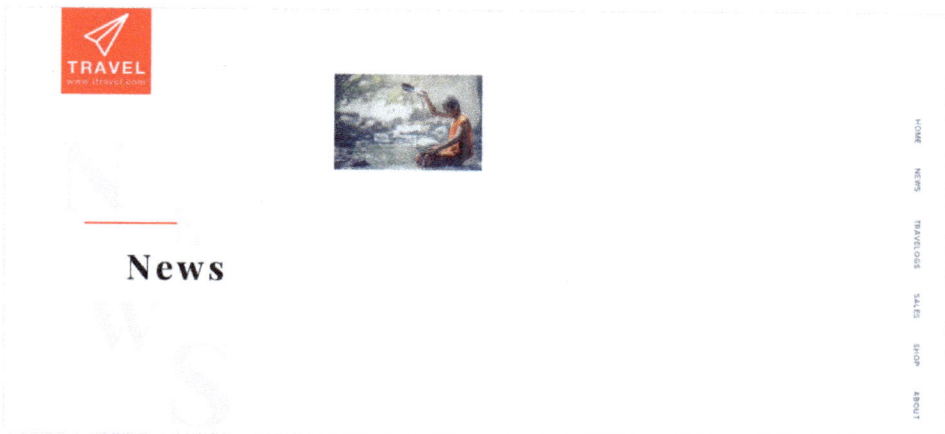

图6-157 完成后的效果

10 在图片左侧添加一段文字信息（包括标题、描述和时间）。设置文字字体为Arial，并通过不同的字体属性来区分出重点。

首先，设置主标题的字体为Arial，字体属性为Bold，字号为20点，字间距为75，设置字体颜色为深蓝色（#2d3447），如图6-158~图6-160所示。

图6-158 文本格式的设置

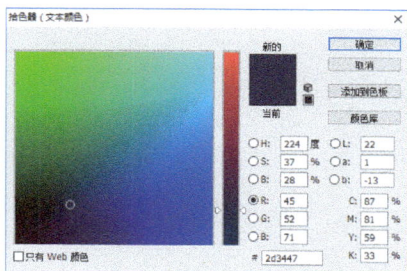

图6-159 字体颜色的设置

图6-160 完成后的效果

然后，针对描述性文字部分，设置字体为Arial，字体属性为Regular，字号为14点，行间距为22点，字间距为50，设置字体颜色为比主标题颜色稍浅的蓝灰色（#707987），如图6-161~图6-163所示。

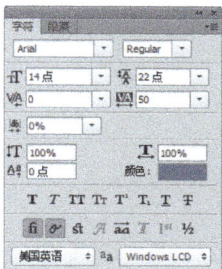

图6-161 文本格式的设置

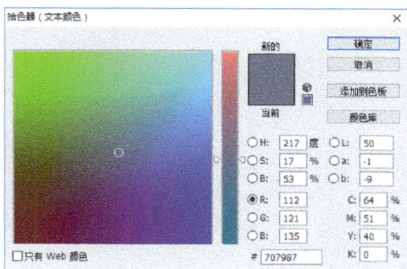

图6-162 字体颜色的设置

图6-163 完成后的效果

最后，设置时间文字信息的字体为Arial，字体属性为Regular，字号为14点，字间距为50，设置字体颜色为偏蓝的浅灰色（#b9c2c9），如图6-164~图6-166所示。

图6-164　文本格式的设置　　　　图6-165　字体颜色的设置　　　　　　图6-166　完成后的效果

11 把设置好的图文信息编组并复制，然后替换掉相应的图片和文字信息后组成一个图文列表，如图6-167所示。

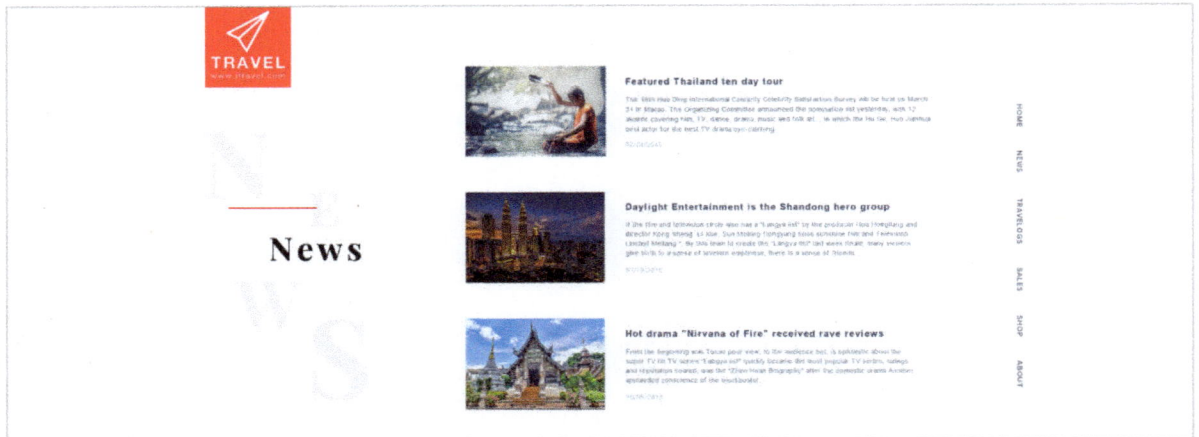

图6-167　通过复制来完成图片、文字填充

12 在每条图文之间添加一条1像素的分割线，其长度与图文的长度保持一致，并将颜色设置为浅灰色（#eeeeee）如图6-168和图6-169所示。

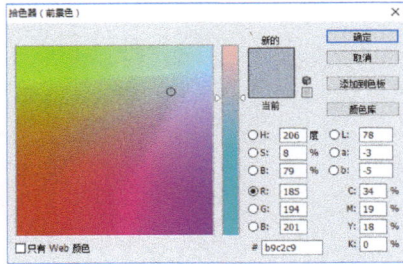

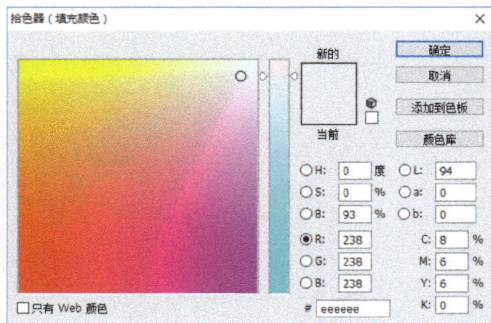

图6-168　分割线颜色的设置　　　　　　　图6-169　完成后的效果

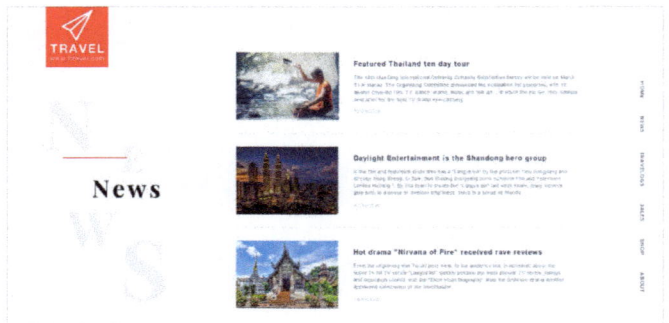

13 在这里，我们希望鼠标滑过列表时，能够出现一个"焦点"效果，因此将使用到一种目前网页设计和UI设计中常用到的投影方式即弥散阴影效果，如图6-170所示。

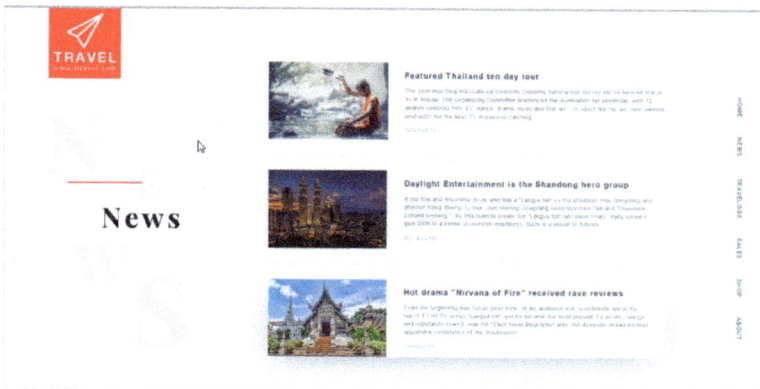

图6-170 弥散阴影效果

首先，新建一个尺寸大小为1000像素×200像素的矢量矩形图形，作为当前列表的背景图层，并将该图层命名为bg-list，如图6-171所示。

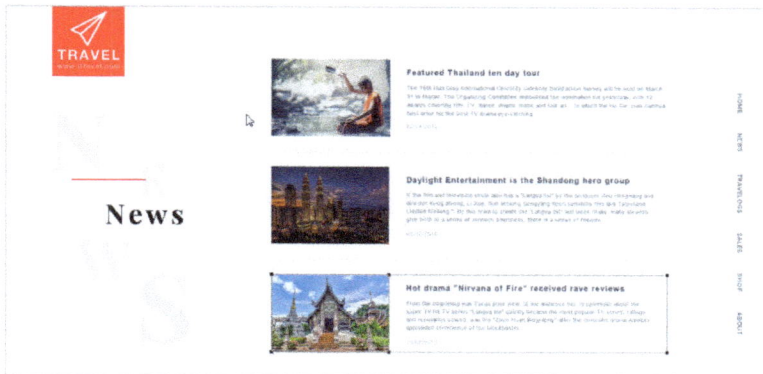

图6-171 创建图文背景

其次，在bg-list图层下方新建一个尺寸大小为940像素×120像素的矢量矩形图形，并将该图层命名为list-shadow，同时填充为蓝灰色（#6c7aa2），如图6-172所示。

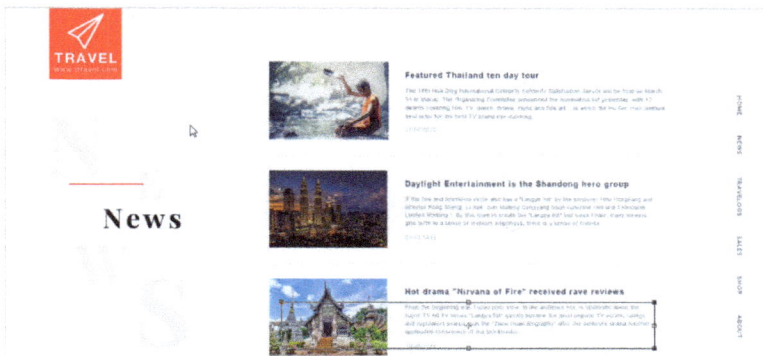

图6-172 创建阴影图形

最后，我们会发现，此时list-shadow图层被遮挡，且为不可见状态。在右侧的面板中找到"属性"面板，选择"实时形状属性"功能，并将该矢量图层的"羽化"值设置为40.0像素。最后调整该阴影图层到适当的位置即可，如图6-173~图6-175所示。

图6-173 矢量图形属性面板

图6-174 矢量图形数值设置

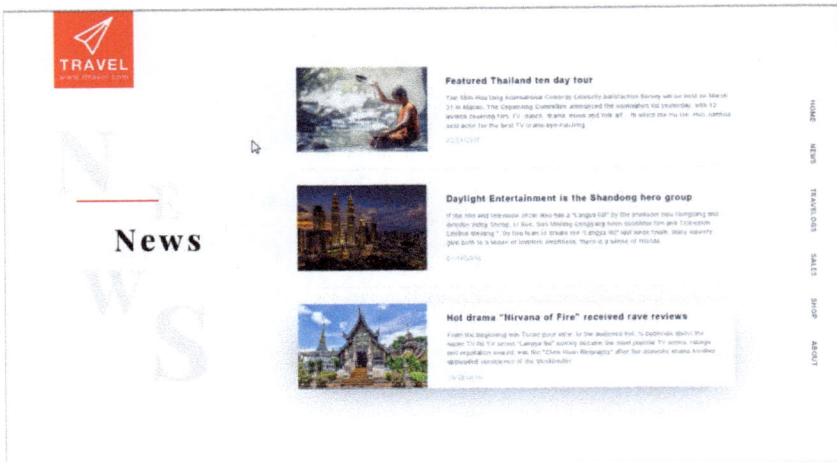

图6-175 完成后的效果

14 在列表的下方，需要设计"页码"选项。使用"矩形工具" 添加一个尺寸大小为81像素×40像素的矩形矢量图形，并填充矩形颜色为白色（#ffffff），然后将描边粗细设置为1像素，描边颜色设置为浅灰色（#ced1d5），如图6-176~图6-179所示。

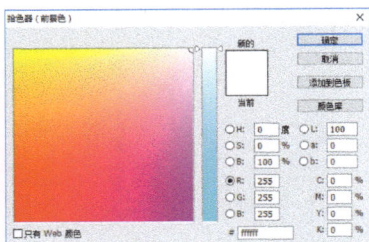

图6-176 矩形填充颜色的设置

图6-177 矩形描边样式的设置

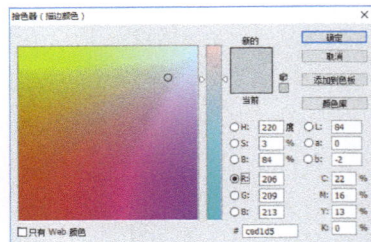

图6-178 矩形描边颜色的设置

图6-179 完成后的效果

15 接着上一步，用"钢笔工具" 为矩形添加一条纵向分割线，同时对其进行"居中显示"处理，颜色与矩形一致，如图6-180所示。

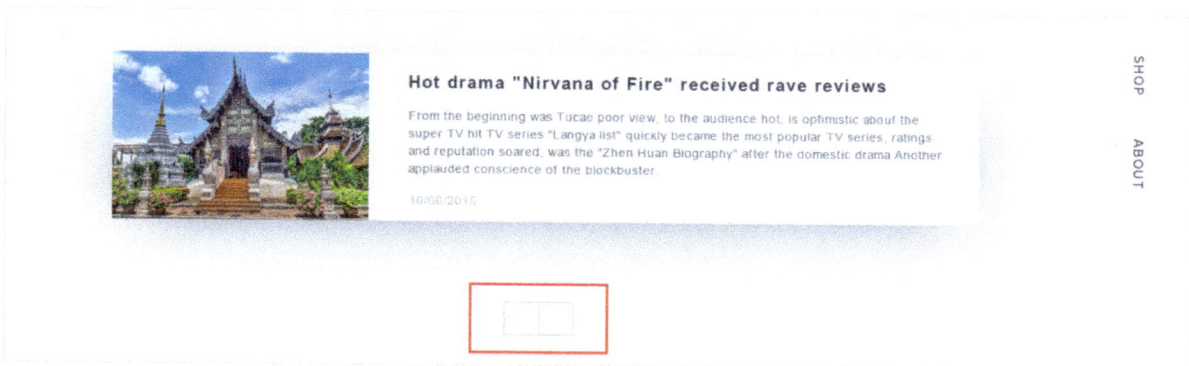

图6-180 完成后的效果

16 在分割线分割开的左右两个矩形框内各放置一个箭头，颜色与矩形框的颜色保持一致，以表示前/后翻页，如图6-181和图6-182所示。

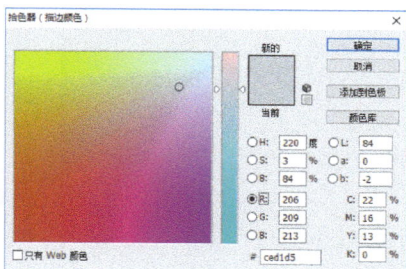

图6-181 箭头颜色的设置

图6-182 完成后的效果

17 在设计图中，目前所在位置为第1页，作为提示效果，而我们要在下翻页的位置用红色进行标注。新建一个尺寸大小为41像素×40像素的矢量矩形图形，设置填充为无，描边颜色为红色（#ff1727），描边大小为1像素，同时将右侧的箭头改为与描边相同的颜色，如图6-183~图6-185所示。

图6-183 矩形描边样式的设置

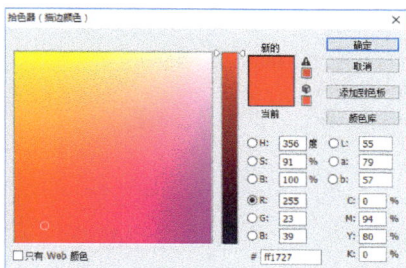

图6-184 矩形描边颜色的设置

图6-185 完成后的效果

18 调整导航标注的位置，将当前导航标注的位置变更为NEWS选项，同时将导航的字体颜色改为深蓝色（#2d3447），如图6-186和图6-187所示。

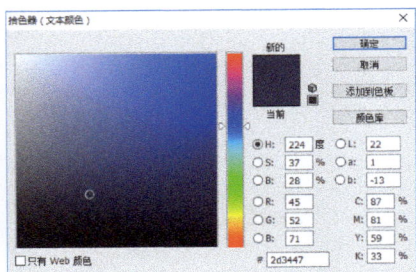

图6-186　导航字体颜色的设置

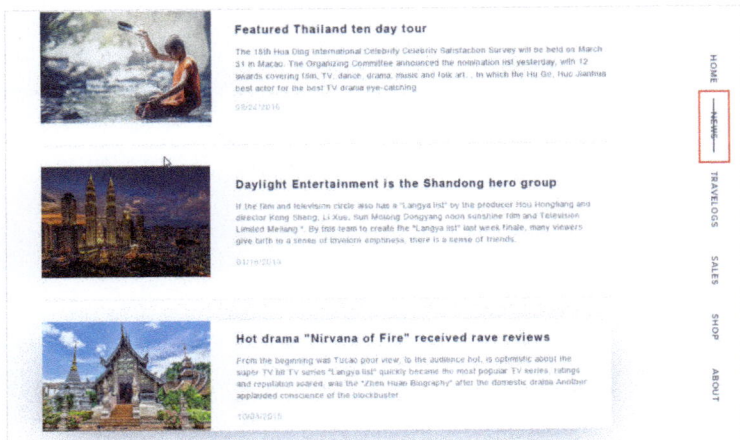

图6-187　完成后的效果

19 在与首页对应的位置，添加相应的网站版权信息，并将字体颜色修改为深蓝色（#2d3447），如图6-188和图6-189所示。

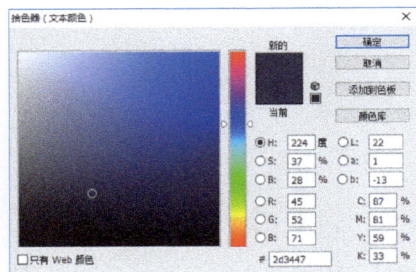

图6-188　字体颜色的设置

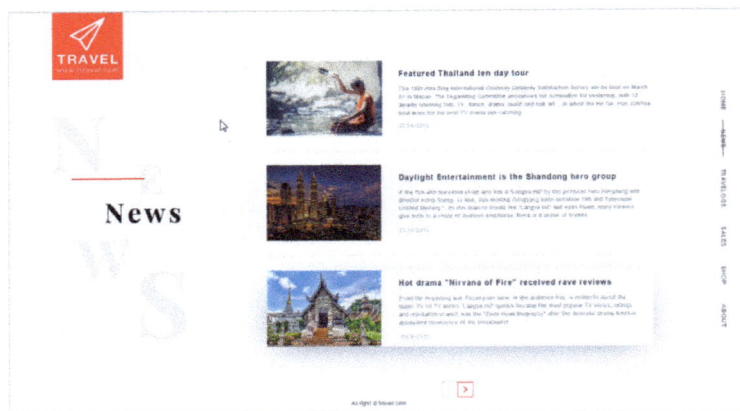

图6-189　完成后的效果

6.3.4　二级页：新闻详情页设计

新闻详情页的设计延续部分列表页的设计，Logo、导航、左侧装饰效果以及底部版权信息保持不变，只在右侧做改动即可。

在图文的排列上，由于需要展示大段的文字，因此可适当放宽文字之间的字间距与行间距，避免产生拥挤的感觉，从而造成视觉疲劳。另外，在字体颜色的选择上，要注意与背景色的对比不宜太过强烈，如图6-190所示。

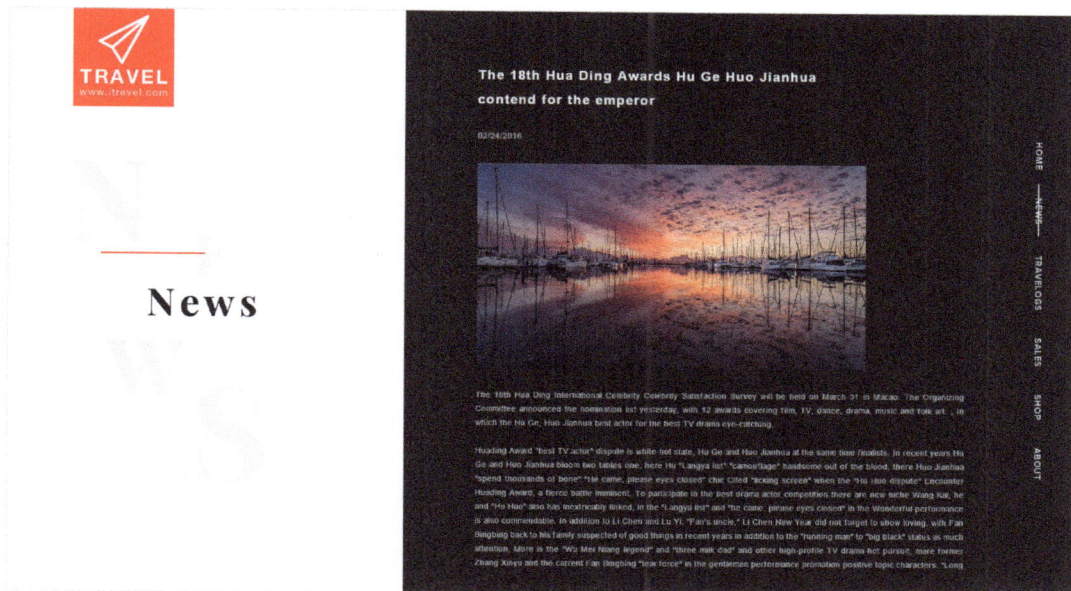

图6-190 新闻详情页效果展示

01 为了突出内容部分，为详情页添加一个深色背景，如图6-191和图6-192所示。

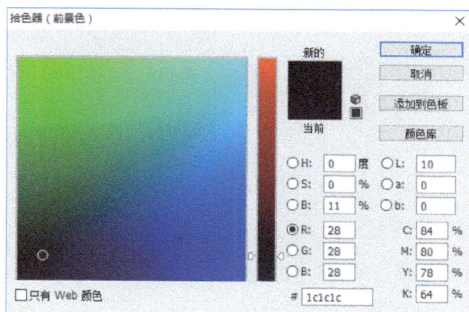

图6-191 背景颜色的设置

图6-192 完成后的效果

02 设置导航信息的字体颜色为白色（ffffff），设置新闻标题的字体为Arial，字体属性为Bold，字号为24点，行间距为44点，字间距为75，如图6-193~图6-195所示。

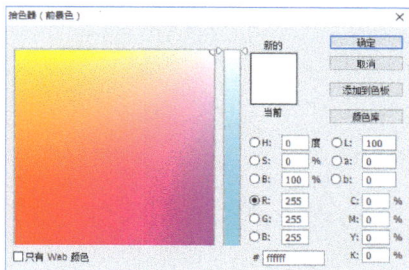

图6-193 字体颜色的设置

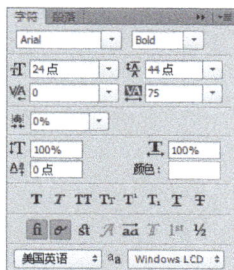

图6-194 文本格式的设置

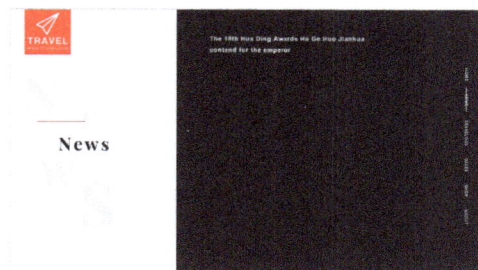

图6-195 完成后的效果

03 在标题下方，需要添加一段时间信息，设置字体颜色为浅灰色（#cccccc），字体为Arial，字体属性Regular，字号为14点，字间距为50，如图6-196~图6-198所示。

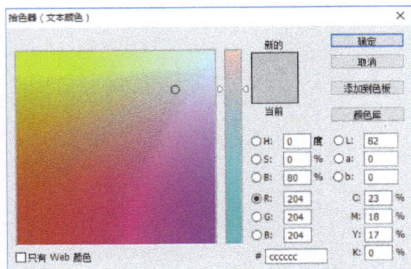

图6-196　字体颜色的设置　　　　图6-197　文本格式的设置　　　　图6-198　完成后的效果

04 在页面中部的图片展示区域新建一个尺寸大小为700像素×380像素的矢量矩形图形，颜色任意填充，然后将要展示的图片通过"创建剪切蒙版"的方式置入页面当中，如图6-199所示。

图6-199　完成效果展示

05 在图片下方，设置新闻描述信息的字体为Arial，字体属性为Regular，字号为14点，行间距为26点，字间距为50，如图6-200所示。设置字体颜色为浅灰色（#cccccc），如图6-201所示。在文本的设计上，采用两端对齐的方式，同时设置文本段落的"避头尾法则"设置为"JIS严格"，使页面整齐美观，如图6-202和图6-203所示。

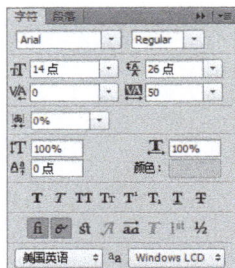

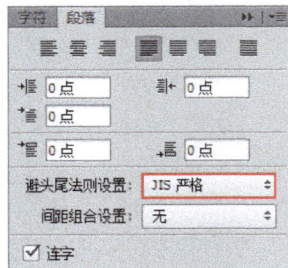

图6-200　文本格式的设置　　　　图6-201　字体颜色的设置　　　　图6-202　文本段落格式的设置

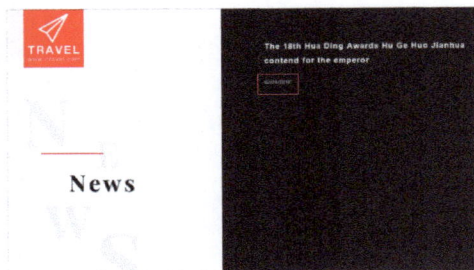

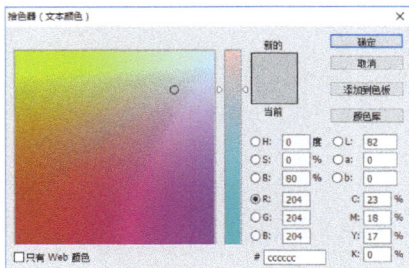

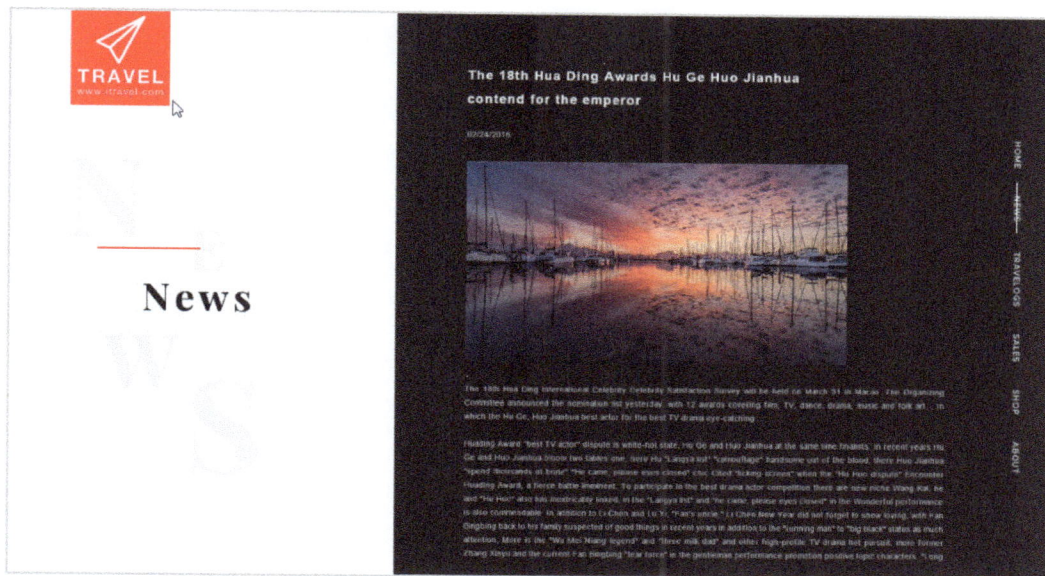

图6-203 完成后的效果

6.3.5 二级页：促销信息列表页设计

在网站的二级页中，将促销信息也用图文搭配的方式来展现。延续前面二级页的设计风格，本次设计依然保持左侧形式不变，在右侧做样式调整。这里将图文列表长度缩短，仅保留图片与标题，使页面更为简洁，不过这里要注意的是，图片的数量不宜过多，须保持适当的留白。

随着社会的不断发展，用户的阅读习惯也在不断发生改变，人们每天都会接触大量的信息，接收信息的过程中，人们更倾向于阅读图片而非文字，因此在图文的组合上，文字要尽量精简，如图6-204所示。

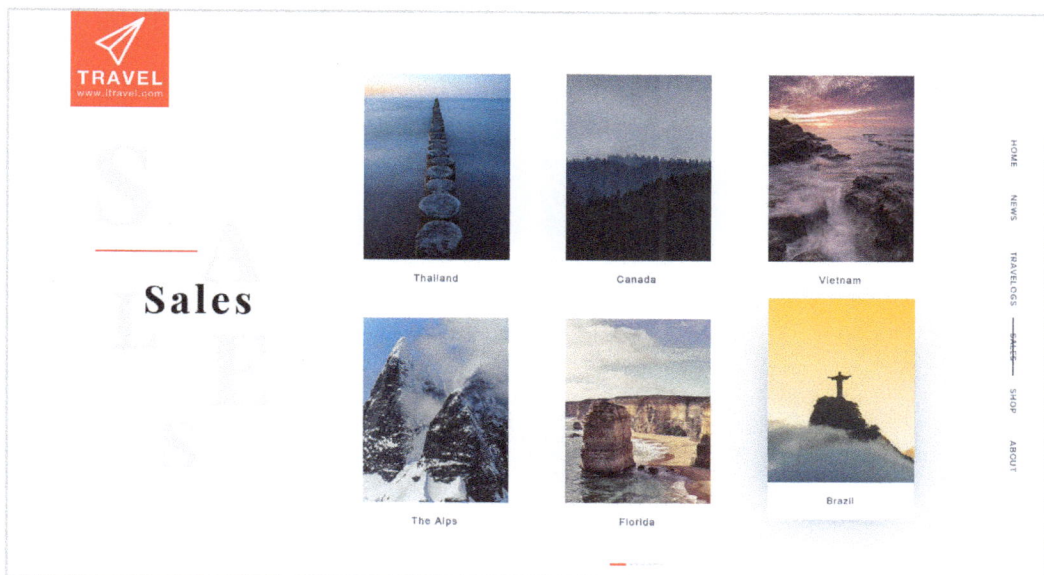

图6-204 促销信息列表页效果展示

01 将左侧的装饰字幕替换为当前页面的关键词即Sales，如图6-205所示。

02 在当前页面中，图文列表选择竖向样式，用以配合促销海报的设计。这里的图文列表与之前的设计方式相同，新建一个尺寸大小为270像素×350像素的矢量矩形图形，然后将找好的图片素材通过"创建剪切蒙版"的方式置入当前窗口中，并将图片缩放到适合显示的尺寸比例，效果如图6-206所示。

图6-205 替换关键词信息

图6-206 完成后的效果

03 设置图片标题信息的字体为Arial，字体属性为Regular，字号为18点，字间距为100，字体颜色为深蓝色（#2d3447），如图6-207~图6-209所示。

图6-207 文本格式的设置

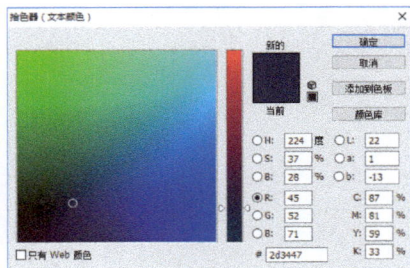

图6-208 字体颜色的设置

图6-209 完成后的效果

04 接着上一步，将图片与文字信息编组并复制，同时替换掉对应的列表图片和文字，如图6-210所示。

图6-210 完成后的效果

05 在当前页面时，同样需要设计一个鼠标滑过的"焦点"效果，为了保持网站整体视觉效果的统一，这里依然采用与之前一样的"弥散阴影"效果。首先，需要建立一个尺寸大小为270像素×420像素的矢量矩形图形，作为当前图文的背景图层，将这个矩形的背景图层颜色设为白色（#ffffff），并复制一个图文列表到对应位置，如图6-211和图6-212所示。

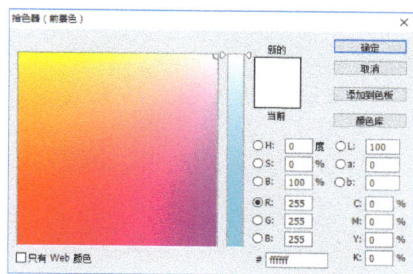

图6-211 背景颜色的设置

图6-212 完成后的效果

06 在"白色背景"图层的下方位置，新建一个尺寸大小为220像素×330像素，名称为shadow的矢量矩形图形，设置矩形颜色为蓝灰色（#6c7aa2），如图6-213所示。然后将shadow图层与"白色背景"图层做"水平居中对齐"处理，并找到"属性"面板，选择"实时形状属性"功能，并将该矢量图层的"羽化值"设置为40.0像素，最后调整该阴影图层到适当的位置，如图6-214~图6-216所示。

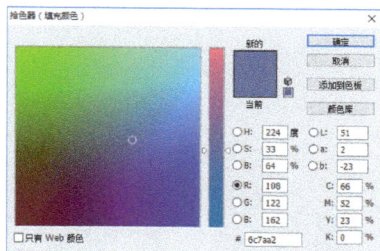

图6-213 矩形颜色的设置

图6-214 矢量图形属性面板

图6-215 矢量图形数值设置

图6-216 完成后的效果

07 以上操作都完成之后，发现图文在视觉上有些偏下，所以将该图文组向上移动20像素，以达到视觉平衡的目的，如图6-217所示。

图6-217 完成后的效果

08 接着上一步，为图文列表设置"翻页"效果，这里用矢量图形来代替左右翻页的箭头。用"矩形工具"▢新建一个尺寸大小为30像素×4像素的矢量矩形图形，填充颜色为红色（#ff1727），如图6-218和图6-219所示。

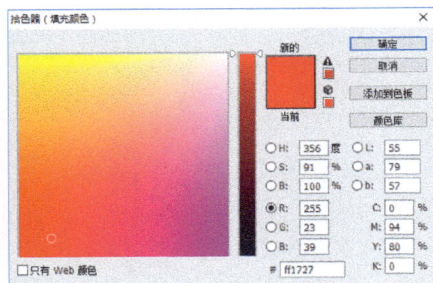

图6-218 矩形颜色的设置

图6-219 完成后的效果

09 将上一步制作好的图形复制两组，并横向排列，设置间距为5像素，修改颜色为浅灰色（#cccccc），如图6-220和图6-221所示。

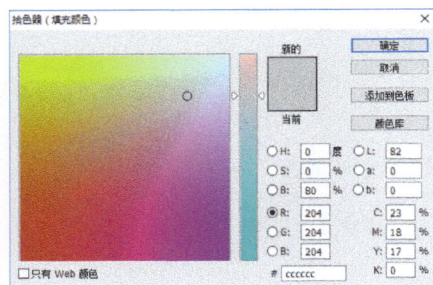

图6-220 颜色设置

图6-221 完成后的效果

10 修改导航标注的位置，将导航标注的位置定位为SALES选项，且对应到当前页面，完成后的效果如图6-222所示。

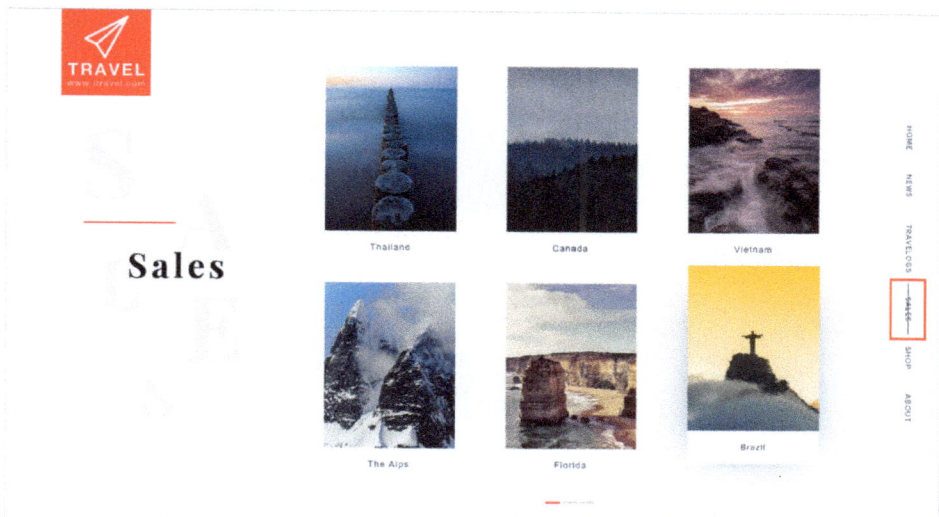

图6-222 完成后的效果

弥散阴影设计是从2015年至今比较流行的设计风格，它的作用是可以使物体的投影看上去更为柔和，层级关系更为明显，在网页设计和UI设计中应用广泛。弥散阴影效果不同于添加一般的投影样式和效果，它可以做到色彩更加多元化，我们可以根据不同的使用环境将投影分别做色彩和位置上的变化，如图6-223所示。

图6-223 展示效果图

弥散阴影可以通过"高斯模糊"或"图层蒙版羽化"的处理方式来得以实现，且通过不同方法实现的效果也会存在一些细微的差距，读者可以在以下案例的基础上，多尝试不同的风格，然后选择一种自己认为理想的效果，如图6-224所示。

图6-224 文档设置

6.3.6 视觉效果图的展示

在视觉效果图完成后，需要将效果图用模板展示，这样做的好处是能够提升视觉效果图的美感，比单纯展示单张图片更能吸引人们的注意力。也可以将网页设计师的设计理念和细节展示给读者。这一小节将给读者详细讲解视觉效果图的展示方法，展示效果如图6-225所示。

图6-225 展示效果图

01 新建一个文件，并将文件名设置为travel_exhibition，设置宽度为1920像素，高度为5000像素，分辨率为72像素/英寸，如图6-226所示。

02 新建一条参考线，并纵向居中显示，如图6-227所示。

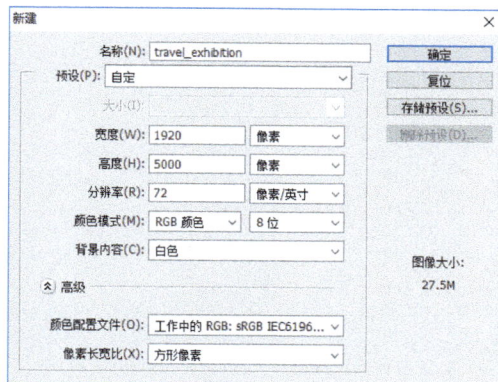

图6-226 文档设置

图6-227 创建参考线

03 将公司的Logo置于页面的最顶端，并同样做"居中显示"处理。Logo的尺寸与网站首页Logo的尺寸设置得一致，然后新建一个尺寸大小为180像素×180像素的矢量矩形图形，并填充图形颜色为红色（#ff1727），最后将其置入该页面的上方位置，如图6-228和图6-229所示。

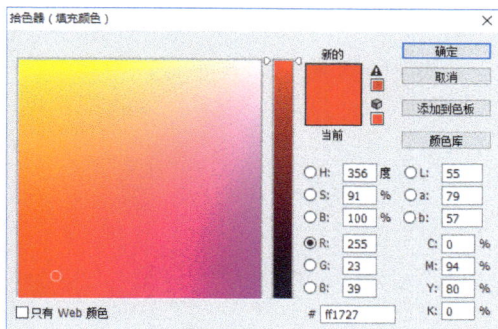

图6-228 矩形颜色的设置

图6-229 完成后的效果

04 在Logo下方填充一行文字内容来丰富顶部的展示效果，设置字体为Raleway，字体属性为Light，字号为120点，字间距为200，填充字体颜色为深蓝色（#2d3447），如图6-230~图6-233所示。

图6-230 字体效果示意图

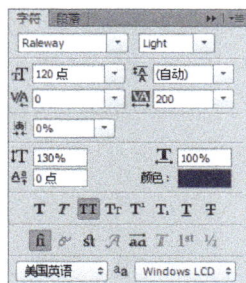

图6-231 文本格式的设置

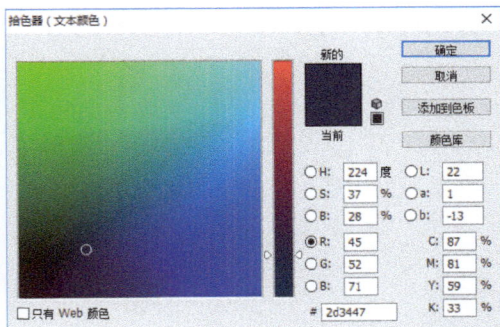

图6-232　字体颜色的设置

图6-233　完成后的效果

05 设置主标题下的描述文字的字体样式。设置字体为Raleway，字体属性为Light，字号为30点，行间距为38，字间距为50，字体颜色为蓝灰色（#6c7282），如图6-234~图6-236所示。

图6-234　文本格式的设置

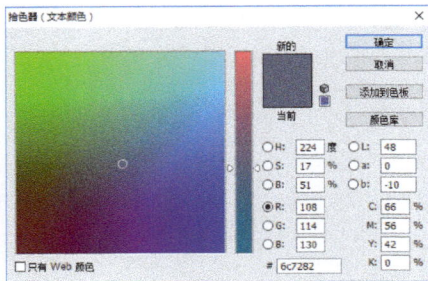

图6-235　字体颜色的设置

图6-236　完成后的效果

06 将网站首页导入当前页面当中，并缩放到适当尺寸，同时对其做"居中显示"处理，如图6-237所示。

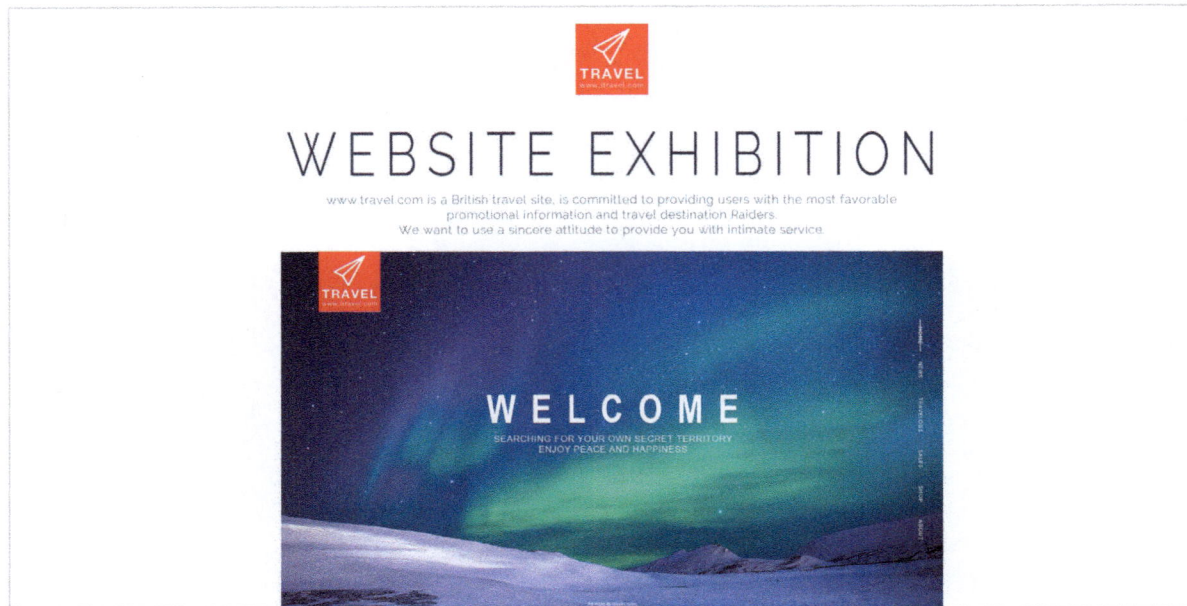

图6-237　完成后的效果

07 为了与二级页中的投影方式保持统一，这里也在图片下方添加一个"弥散阴影"效果。新建一个尺寸大小为1500像素×700像素的矢量矩形图形，然后将该图层置于首页效果图图层的下方，并填充颜色为蓝灰色（#6c7aa2），如图6-238所示。

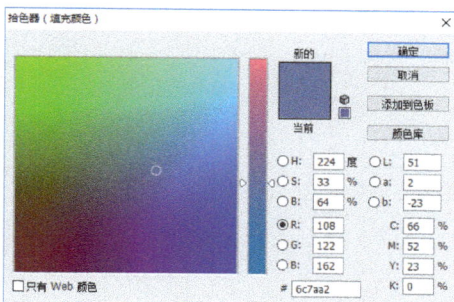

图6-238 弥散阴影颜色设置

08 在右侧面板中找到"属性"面板，选择"实时形状属性"功能，并将该矢量图层的"羽化值"设置为40.0像素，如图6-239和图6-240所示。

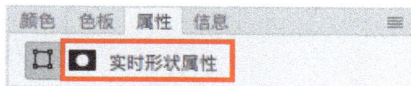

图6-239 矢量图形属性面板

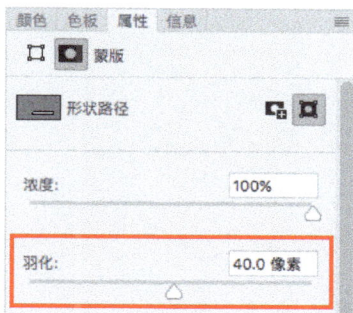

图6-240 矢量图形数值设置

09 调整投影的位置，使其与首页效果图呈水平居中且偏下对齐效果，如图6-241所示。

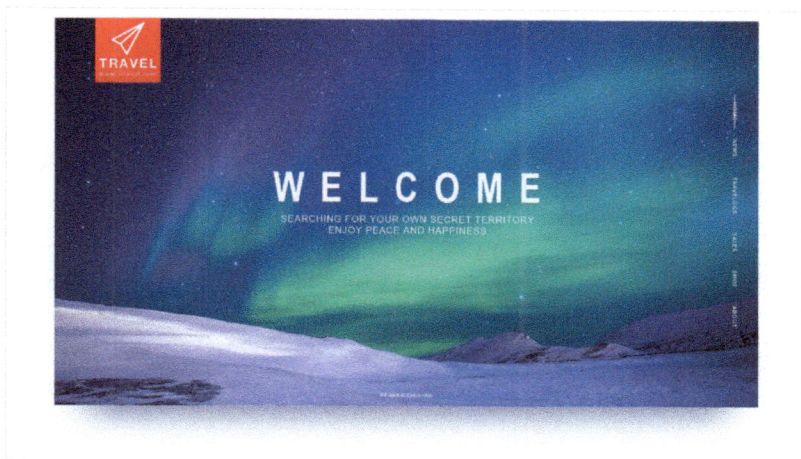

图6-241 完成后的效果

10 在首页效果图的下方位置，需要展示网页设计中所使用的主色调。设置标题部分的字体为Didot LT Std，字体属性为Bold，字号为120点，字间距为50，在排版方式上选择将文字纵向展示，设置字体颜色为蓝灰色（#2d3447），如图6-242~图6-244所示。

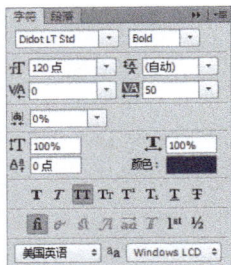

图6-242 文本格式的设置

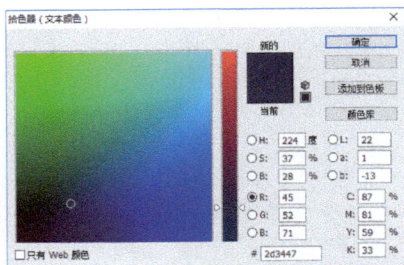

图6-243 字体颜色的设置

图6-244 完成后的效果

11 接着上一步，为标题添加数字编码01，设置字体为Arial，字体属性为Regular，字号为60点，字间距为0，字体颜色为紫灰色（#d6dae4），如图6-245~图6-247所示。

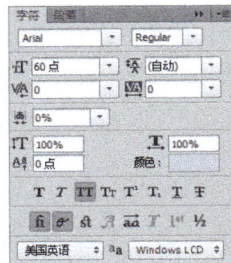

图6-245 文本格式的设置

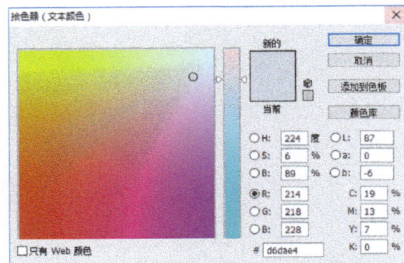

图6-246 字体颜色的设置

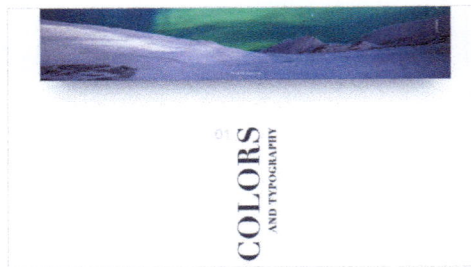

图6-247 完成后的效果

12 继续丰富标题的细节，为标题添加一条分割线。新建一个尺寸大小为300像素×4像素的矢量矩形图形，并填充颜色为深蓝色（#2d3447），如图6-248和图6-249所示。

13 由于水平方向的分割线在页面中略显平淡，因此我们尝试将分割线调整为倾斜45°显示，如图6-250所示。

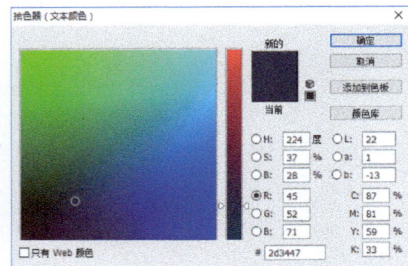

图6-248 矩形颜色的设置

图6-249 完成后的效果

图6-250 将分割线倾斜45°的效果

14 陈列出网页设计所使用的主色调。创建一个尺寸为400像素×6像素的矢量矩形图形，并填充颜色为红色（#ff1727），如图6-251和图6-252所示。

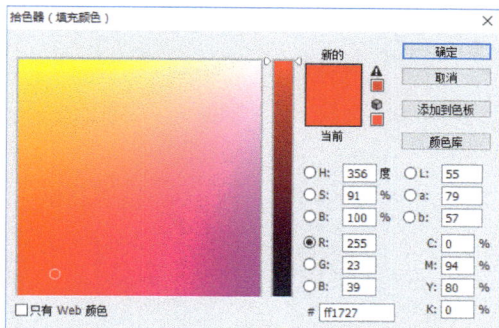

图6-251 矩形颜色的设置

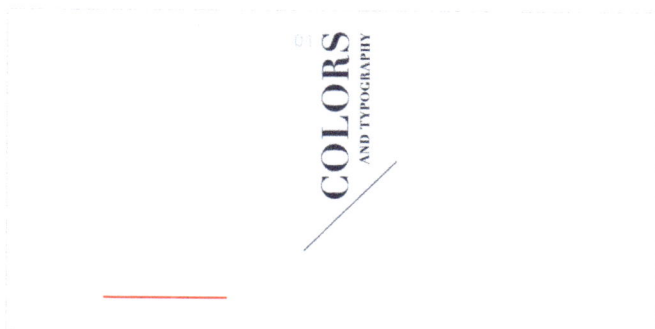

图6-252 完成后的效果

15 为色彩展示添加上一定的装饰性文字。设置字体属性为Arial Regular，字号为36点，字间距为50，字体颜色为蓝灰色（#9da7be），如图6-253~图6-255所示。

图6-253 文本格式的设置

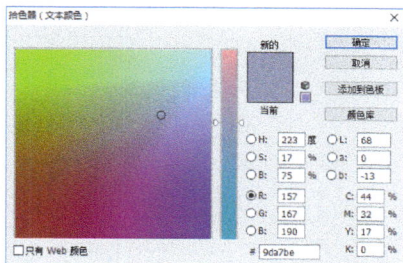

图6-254 字体颜色的设置

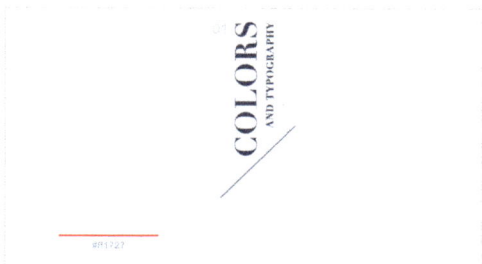

图6-255 完成后的效果

16 将图形与文字编组并复制出来，并将颜色设置得与主色调一致，如图6-256所示。

17 在字形的展示上，用大小写字母对比的方式来呈现。这里要注意的是，标注的字形名称要与展示字母的字形保持一致，如图6-257所示。

图6-256 网页配色展示

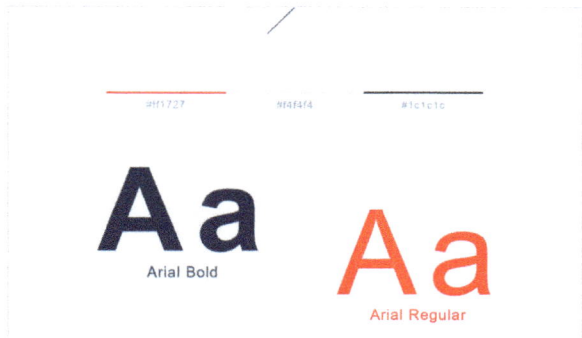

图6-257 案例文字字形展示

18 下面需要展示的是网页设计效果图。先将之前做好的栏目标题复制移动到当前位置，并对文字做适当修改，完成后的效果如图6-258所示。

19 将新闻列表页的效果图置入当前页面当中，如图6-259所示。

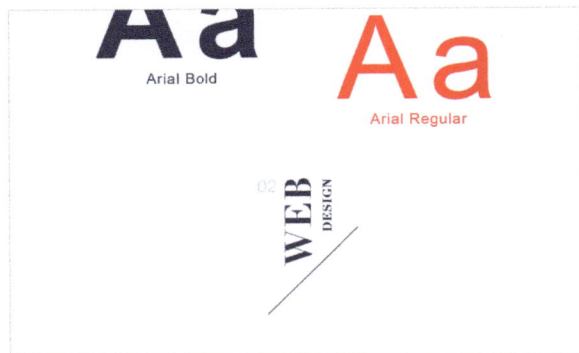

图6-258 完成后的效果

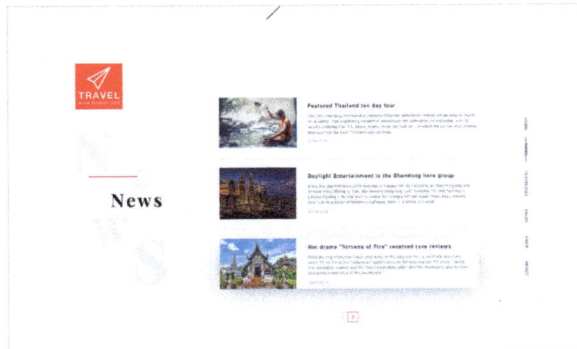

图6-259 置入"新闻列表页"

20 在效果图下方添加一个"弥散阴影"效果。创建一个尺寸大小为1550像素×830像素的矢量矩形图形，并填充颜色为蓝灰色（#6c7aa2），如图6-260所示，然后在"菜单栏"中执行"滤镜>模糊>高斯模糊"命令，在"高斯模糊"面板中设置半径大小为40像素，最后对阴影图层与网页效果图做"居中对齐"显示处理，如图6-261和图6-262所示。

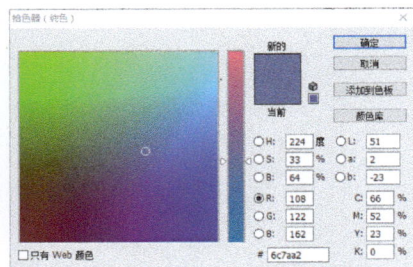

图6-260 弥散阴影颜色设置

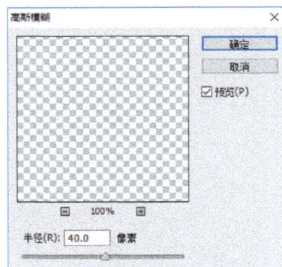

图6-261 弥散阴影数值设置

图6-262 完成后的效果

21 将剩余两张网页效果图依次排列到该页面当中，并复制"弥散阴影"图层，将"弥散阴影"图层分别置入两张效果图图层的下方，如图6-263所示。

图6-263 为图片依次添加弥散阴影效果

22 效果图展示结束后，在页尾添加一段"感谢语"。设置字体为Arial，字体属性为Bold，字号为100点，字间距为50，字体颜色为深蓝色（#2d3447），如图6-264和图6-265所示，完成后的最终效果如图6-266所示。

图6-264 文字属性设置

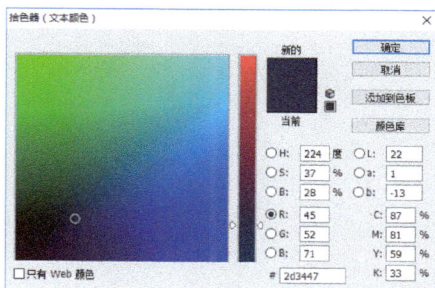

图6-265 文字颜色设置

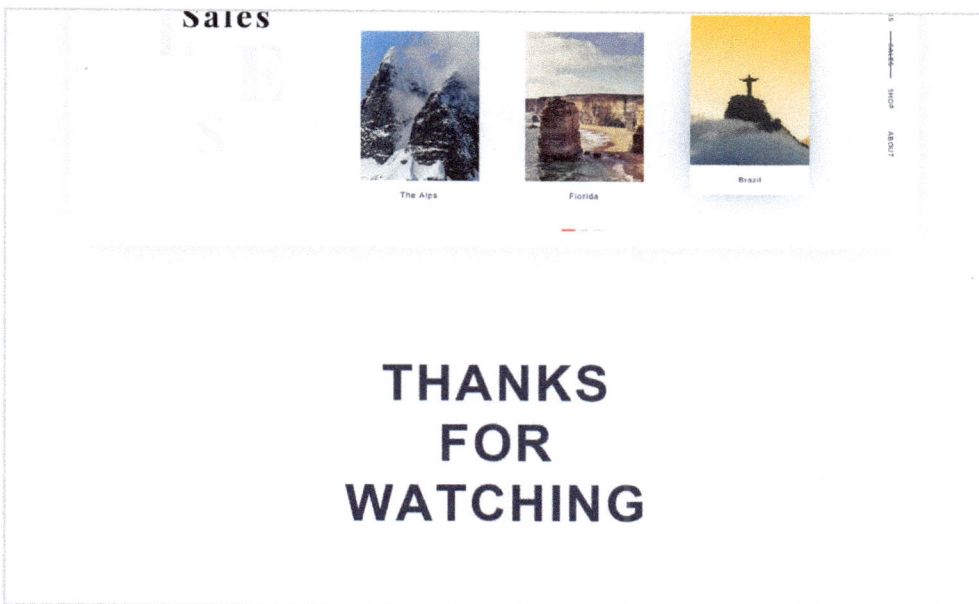

图6-266 完成后的效果

📤 小结

在网页的设计过程中，需要注意以下3点。

①页面中要留有适当的留白，以制造一些空间感，使其透气。

②在色彩的选择上，可以尝试突破常规，但不建议使用超过3种的颜色（无彩色除外），以免造成视觉混乱，重点不明确。

③在设计过程中，应兼顾移动端的使用效果，如响应速度、浏览时的视觉效果等（响应式设计如今已是网页设计必须考虑的问题，也是影响用户使用体验的重要因素）。

此外需要提醒的是，在网页设计中，布局与排版方式并非一成不变，设计时可以从身边的事物中取材，并获得灵感，通过不断尝试可以摸索出新的感悟，这一切非大量练习所不能替代，希望读者能静下心来，并持之以恒地进行学习，争取在网页设计领域做到如鱼得水、应付自如。

第7章
设计师的经验分享

本章将带领读者总结一些网页设计工作中的经验技巧，学习如何合理利用资源，提升网页设计师们自主学习的能力。同时，本章还将给读者推荐许多好用的设计工具和学习资源，在工作中进一步提升自己的工作效率，提高自己的设计水平。本章的最后，将与读者说一说网页设计师在职业发展中可能会遇到的困扰，并从中寻求合理的解决方法。

本章内容主要为作者多年来的设计经验总结与分享，希望通过对本章内容学习，读者能够得到一些启发，进行网页设计时少走弯路，更好地适应自己的工作岗位，并能在自己的团队中有所成就。

7.1 设计师整理术

作为设计师，如何整理日常工作中积累的素材和设计文档，是设计学习非常重要的一个环节。一方面，良好的整理习惯可以帮助设计师节省工作时间，提升工作效率；另一方面，经常整理自己的设计素材和作品，也会帮助设计师开拓设计思路，挖掘设计灵感，从而让设计水平得到提升。

设计师的常用资料，应包含两部分，即学习资料和个人设计作品。

7.1.1 学习资料的整理

设计师在平日里应该多收集与设计相关的图片和文档，多浏览与设计相关的网站，学习其他设计师的思路。在浏览这些作品的时候，可以下载优秀的设计作品，同时将这些作品按类区分和保存，整理成一套自己的学习资料库。多看一些优秀的作品，自然会提高我们的眼界和设计水平，且一些设计相关的文档，也可以为设计工作带来一些规范化的指导。

学习资料的分类，可以包括素材、设计作品和设计规范信息等很多种，且每个类别又可以分为网页设计、UI设计以及平面设计等多个方向，设计师们可以按照自己的喜好分门别类地进行整理，如图7-1所示。

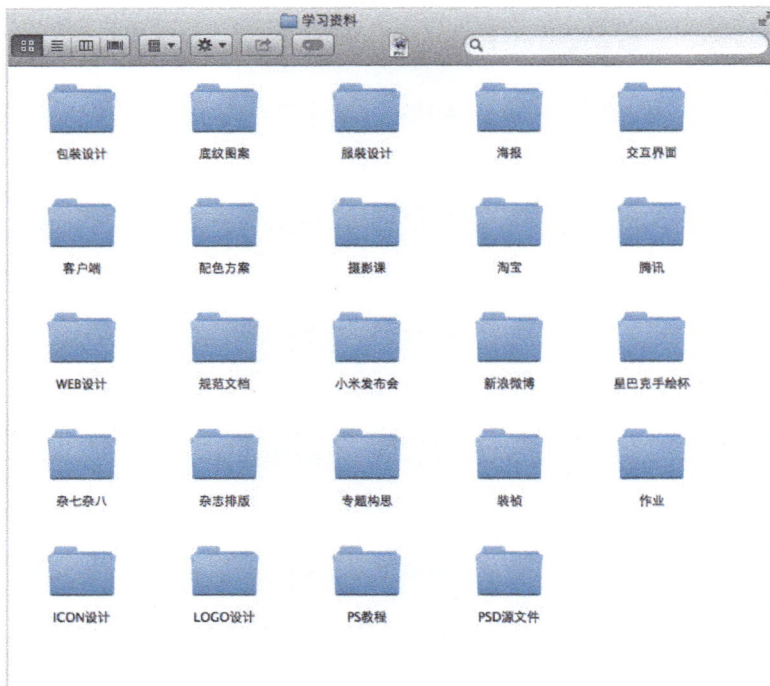

图7-1 学习资料整理

--- 提示 ---

在设计资料的整理与使用过程中，应该与时俱进，紧跟潮流，随着自身设计水平的提高，每隔一段时间，应对一些陈旧过时的资料进行清理，以确保学习资料的有效性。

7.1.2 个人设计作品的整理

设计师工作经验的不断增加，自然会积累许多作品，且通常一个项目会保存多个格式和版本的作品资料，时间一久就容易变得混乱不清了，如图7-2所示。

建议以"产品名_平台名称_版本号_文件所属类型_文档版本号.psd/jpg/png/ai"的格式来为文件命名，如"掌上青岛_iOS_5.0_mockup_V0.1.psd"。

V0.1中的V是英文单词version的缩写，意为版本。保存文件时，第1个版本命名为"文件名_V0.1"，第2个版本命名为"文件名_V0.2"，以此类推。这样命名的好处是可以提高工作效率，当其他同事或客户需要查找文件时可以一目了然，便于读取、调整或修改，如图7-3所示。

图7-2 不规范的文件命名

图7-3 规范化的文件命名

在完成一个完整的项目时，可以设置如下子文件夹，如图7-4所示。

当然，在做子文件夹分类与整理时，可根据实际情况删减。一般情况下，我们都会以年为标准，每年对这些文件夹进行一次整理，方便总结和梳理思路，如图7-5所示。

图7-4 文件夹命名

图7-5 项目整理

子文件名的中文解释见下表。

子文件名称	中文解释
archive	旧文件存档
assets	切图文件
docs	需求文档、数据分析
measurement	设计标注图
mockup	设计源文件
output	设计展示效果图
spec	交互文档

7.2 好用的设计工具推荐

在我们的日常工作当中，注意积累一些好用的小插件，并安装在自己的计算机上备用。这些插件往往可以提高我们的工作效率，让作图速度快人一步，省时又省力。

对于网页设计师来说，平时主要使用的软件是Photoshop，因此这里主要推荐的是Photoshop中需要使用的插件。

7.2.1 自动填充工具——Craft

在网页设计的过程中，时常会遇到需要填充各种图片到效果图中的情况。不断切换窗口，搜索合适的图片，再将它们一张张放置在效果图中的这个过程既耗时又费力，而Craft插件则可以解决这一问题。

用Craft填充图片时，用户可以选择认为能找到对应图片的网站来填充，或是选择计算机文件夹中的图片，也可以通过图片库Unsplash随机添加图片，如图7-6所示。

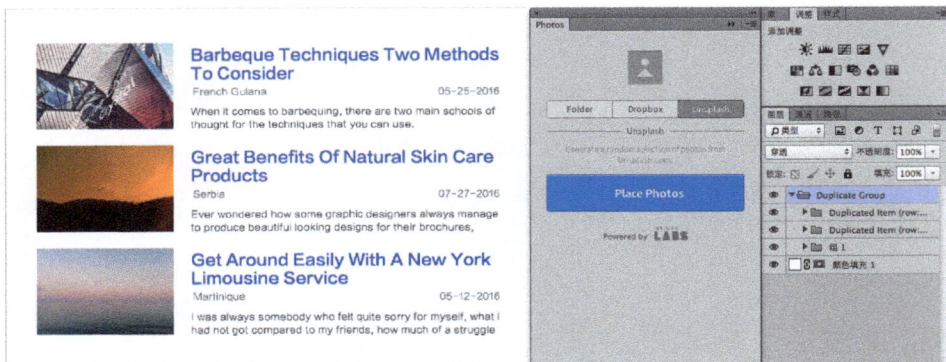

图7-6 Craft界面

除了能填充图片之外，Craft还可以填充文本元素，如姓名、标题、文章和日期等，只不过插件中默认的填充元素均为英文字符，如果是制作英文网页的话，可以考虑使用此功能，如图7-7所示。

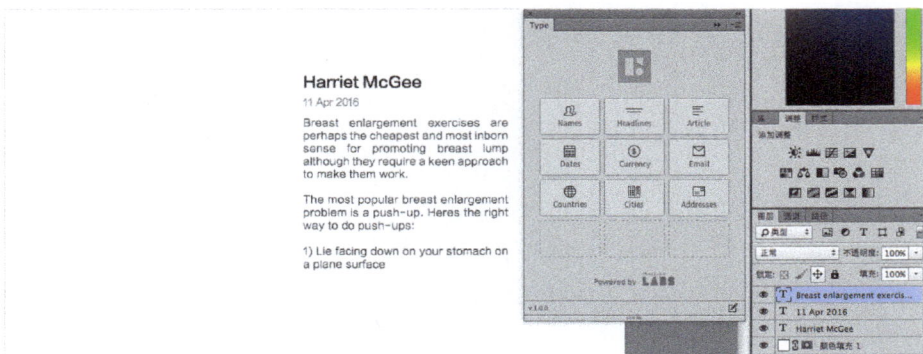

图7-7 插件展示

当然，Craft的功能还不止这些，其另外一个强大的功能就是快速复制粘贴组件，在需要重复填充相同模块的时候，这个功能就可以"大显神威"了，如图7-8所示。

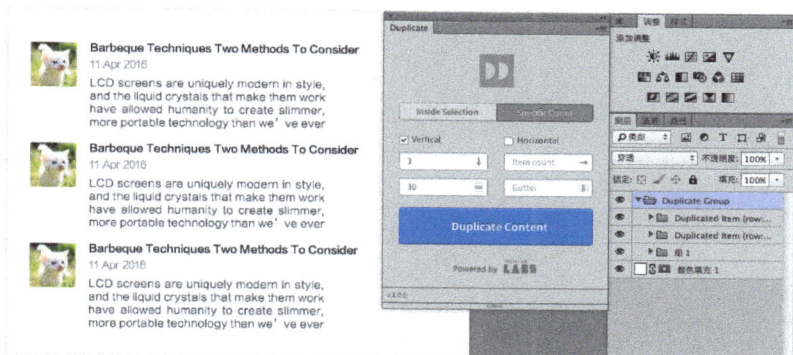

图7-8 自动填充效果展示

提示

Craft支持Photoshop和Sketch两款软件安装使用，且Craft在Sketch中的使用方法与Photoshop中基本一致。并且，该插件同时支持Window和iOS双平台操作。

7.2.2 栅格工具——GuideGuide

"参考线"是作图时最常用到的工具之一。拖曳某个元素到界面中时，通常需要精确计算数值，来确定元素的摆放位置，且如果遇到需创建栅格系统的情况，则必须按照固定宽度来设置参考线。然而，创建参考线的这个过程往往既费时又费力，那么有没有什么工具可以让我们快速创建参考线呢？答案是肯定的，这里给读者推荐一个叫作GuideGuide的插件。

在该插件的使用过程当中，我们只需输入固定数值，单击"创建"按钮 Add guides ，参考线就会按照我们的要求在界面中规范排列，如图7-9所示。而且，在使用该插件创建参考线时，无论是横向的参考线还是纵向的参考线，都可以轻松创建，是不是很方便呢？

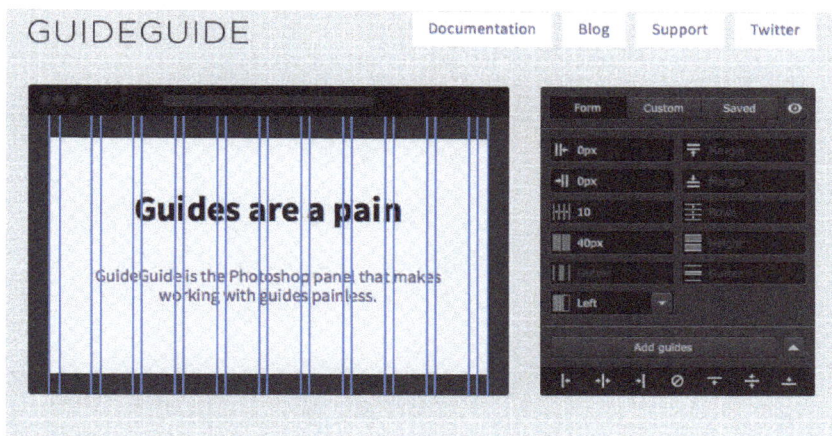

图7-9 GuideGuide界面

7.2.3 圆角图形工具——Corner Editor

用Photoshop制作矢量圆角图形时，往往需要预先设定好圆角的角度，若要在矢量图形绘制完成后修改圆角角度，只能重新设置圆角角度数值并重新建立图层，给设计工作带来了许多不便。

Corner Editor是一个专为Photoshop内矢量图形转换圆角定制的插件神器，使用时只需输入几个数值就可完成圆角转换，如图7-10所示。

除了圆角调整以外，该插件还支持直角转换，并且可以随时修改圆角的大小，还可以为每个角设置不同的角度，有了这个插件，处理矢量图形转换圆角就会省力得多。

图7-10 Corner Editor界面

7.2.4 APP学习工具

在第1章当中，我们推荐了一些与设计相关的网站，这些网站大多都有相应的移动端软件，有需要的设计师可以在下载平台搜索后自行下载，这里不再赘述。

下面要推荐的是一些可以帮助读者提高设计水平、寻找设计灵感的APP平台。

■ **免费课程——腾讯课堂**

腾讯课堂是腾讯推出的一个在线教育平台，整合了大量优质、海量课程资源，支持在线报名、离线下载等功能，同时可以根据不同用户的具体需求定制内容，方便用户查找相关课程。APP内有大量与设计相关的免费课程，如Photoshop基础、交互设计以及网页制作等，可以随时随地轻松学习，如图7-11所示。

图7-11 腾讯课堂

▪ 原型草稿创建工具——Sketchworthy

这是一款可以方便读者随时随地创建原型草稿的APP，内含超过150种纸张、20多种颜色和不同粗细的笔刷，同时可以定制笔记本的封面外观、内页样式等，在使用过程中还可以根据自身的喜好随意更换界面风格，如图7-12所示。

当你有灵感时，马上打开这款APP，把你的构想涂鸦一下吧！

图7-12 Sketchworthy

▪ 配色工具——Sip Color

许多设计师在配色方面常常会觉得苦恼，没有灵感的时候不妨留意一下身边的美景或是相册里那些看起来很舒服的图片，借鉴一下那些令人感觉愉悦的配色方案。Sip Color这款APP可以通过智能分析来给出图片的配色方案，这对设计师们来说简直太美妙了。

在使用Sip Color时，首先可以导入手机中的图片，此时界面中会产生随机的配色方案，而界面下方的色板数量可以根据实际需要增加或删减，最少2色，最多8色，如图7-13所示。

图7-13 Sip Color

在使用过程中也可以开启手机的摄像头直接取色，选好之后单击"√"选项进行保存。如果对保存的颜色不满意，可以在保存后单击色块再做修改，如图7-14所示。

选好配色之后，可以将其命名并保存，存储好的色板可以通过邮件发送，如图7-15所示。

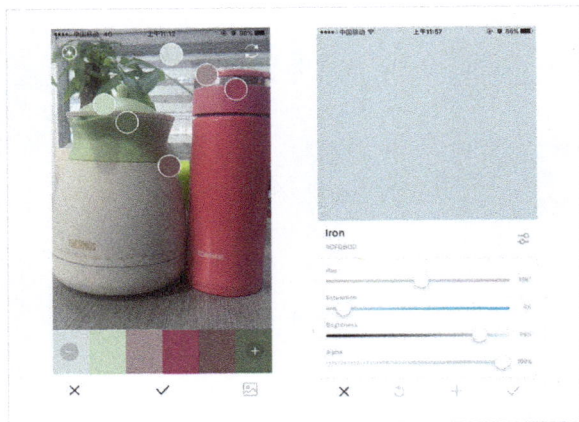

图7-14 Sip Color使用展示（1）

图7-15 Sip Color使用展示（2）

■ 作品点评工具——ZUO

ZUO是一款比较小众的提供设计作品点评的APP，包含UI设计、产品设计等，用户可以在APP内点评设计作品，通过这些作品我们可以更深度地思考设计的意义，站在用户的角度尝试解决问题、提高产品的可用性和易用性，如图7-16所示。

图7-16 ZUO界面

7.3 必备的图片处理工具推荐

7.3.1 图片压缩工具——智图

　　智图是一款由腾讯ISUX出品的在线图片压缩工具。使用它可以在线查看压缩前后的效果对比图，图片质量可在10~95自由选择，数值越小代表压缩后的图片越小，同时图片画质损失越多，设计师们可以在对比后选择合适的图片质量压缩并下载。智图支持图片批量上传和下载，对网页设计师来说，该工具中最值得一提的应该是该网站支持的WebP格式预览和下载功能了，需要预览WebP格式的图片时，只需要单击"智图WebP"选项右侧的"预览"按钮 ◉ 即可，如图7-17所示。

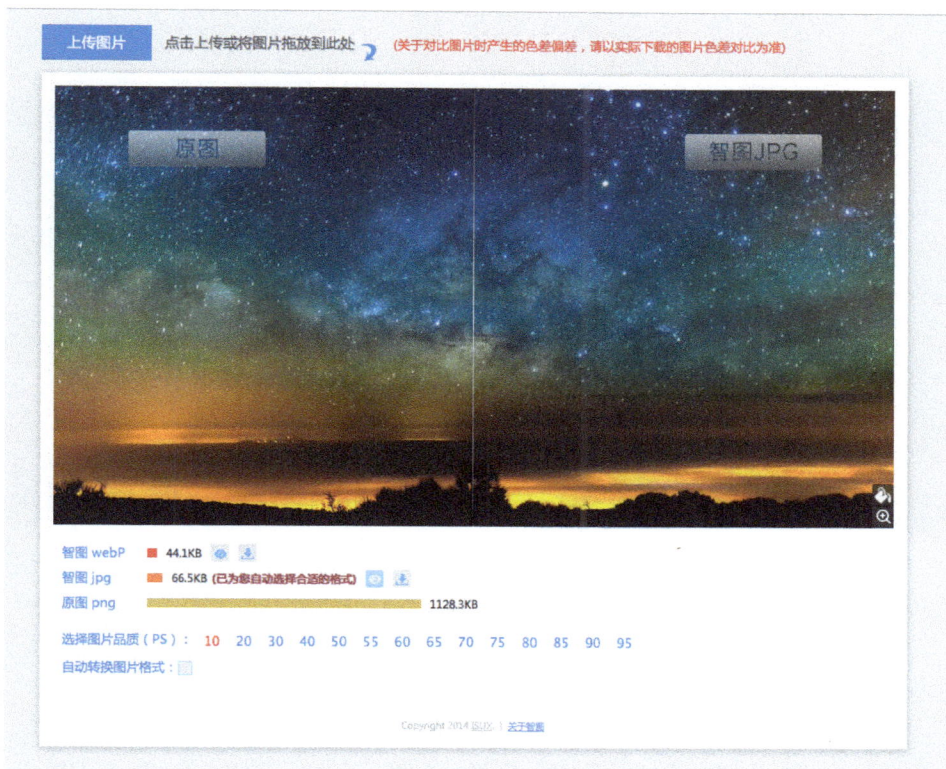

图7-17 智图

7.3.2 免费商用图库工具

- **图库工具1——Stock Up**

　　众所周知，多数网络图片都是有版权的，想要使用这些图片需要付费才可以。Stock Up是SiteBuilderReport 网站的一个子工具，使用时只要输入相应的关键词，即可搜索相关图片（不过，目前该网站只支持英文搜索）。

该网站最大的优点是集合了27个不同网站的图集，也就是说，在Stock Up上搜索，等同于同时搜索27家网站。这样一来，就不用打开多个图集网站搜集图片了，大大节省了收集素材的时间。找到喜欢的图片之后，单击该图片的"缩略图"，即可进入原站点，然后选择"下载"或"图片另存为"选项，将这些图片保存到计算机中，然后就可以使用了，如图7-18所示。

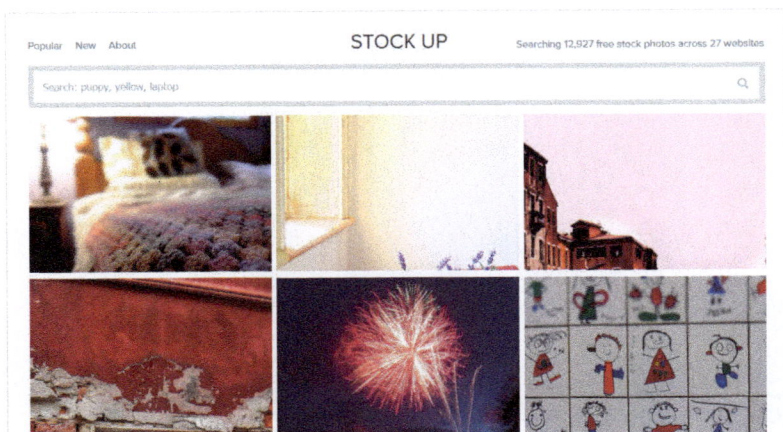

图7-18 Stock Up

▪ 图库工具2——Sozai-Page

在网页设计中，"食材"是我们经常会碰到的一个题材，想要找到一张拍摄效果精良且免费的图片并不容易。日本有这样一个网站，其中收集了很多食材和食物的图片，且这些图片的分辨率都很高，适用于大多数设计场景。除了画质较高之外，里面大多数图片背景都非常干净，且多数为黑色和白色两种纯色，这对不想花太多时间抠图的设计师来说真是福利。最重要的是，这些高清的图片无需注册即可免费下载，并且几乎无使用限制。此外，对日文网站不太熟悉的读者可以借助浏览器的翻译工具将页面译成中文网页即可，如图7-19所示。

图7-19 Sozai-Page

选好需要的素材之后，单击"缩略图"即可进入该素材的详情页面。在详情页面中有关于图片的详细介绍，如名称、尺寸和大小信息等。详情页的图片会标注网站的水印，不过下载后的高清图片是没有水印的，如图7-20所示。

图7-20 图片详情展示

图库工具3——Markeri

Markeri上主要是一些有关婚礼、婚纱和情侣等主题的摄影作品，图片大部分都清晰而又精美，非常适合作为婚礼主题相关的网页素材使用，如图7-21所示。

图7-21 Markeri

■ 图库工具4——Pixabay

Pixabay是我个人常用的图片素材库之一，其优点是支持中文搜索，作品种类也非常多，从人物到风景，应有尽有，是一个非常实用的网站，如图7-22所示。

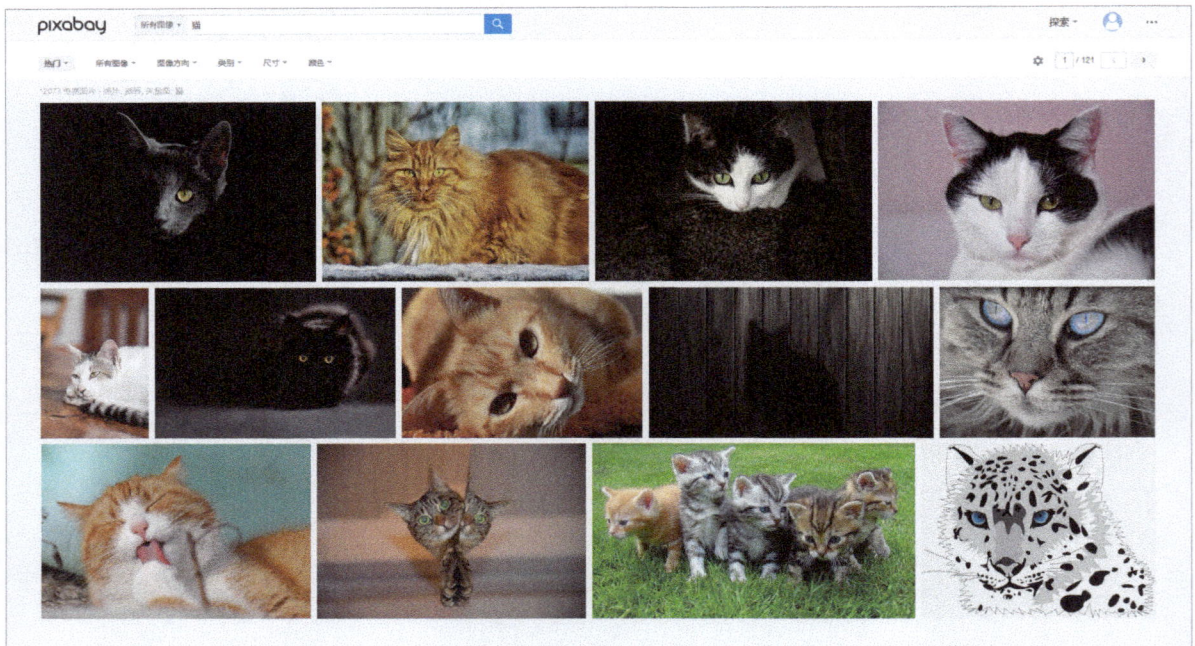

图7-22 Pixabay

7.4 写给设计新人的话

7.4.1 圈子的选择

近几年来，国内互联网行业的迅猛发展极大地推动了设计产业的进步，基于蓬勃发展的行业环境和相对较高的行业薪酬，越来越多的人希望从事设计这个行业。但必须要承认的是，"薪酬起点较高"是多数设计师选择这个行业的首要条件。的确，一个人的生存、生活都离不开物质基础，因此，"设计师"这个看上去较为体面和高工资的职业确实令人心动。

那么，刚刚入行的设计师，怎样才能更快地融入这个圈子呢？这里给出了如下几点建议。

在网络上搜索有关设计的网站或微博达人，通常这类网站和微博达人会不定时地推送一些有关设计的学习资料、国内外优秀设计案例甚至国内外企业的设计师招聘启事等，这可以帮助设计新人快速了解当前设计的主流趋势。无论是对设计水平的提升还是对职业发展方向的了解，这都是一个绝佳的学习资源，要学会好好利用。

对于许多在校学生来说，其所学的课程与企业岗位要求是脱轨的，尤其是"网页设计"这个行业，许多院校并没有这个专业，这是机遇也是挑战。非科班出身的同学，可以在大学期间学习一下美术基础。

讲到这里，很多人往往都会提到两个问题。

◎ **美术基础真的很重要吗？**

答案是肯定的。首先，扎实的美术功底是阐述设计理论的坚实基础。其次，相对来说，具有美术基础会降低工作中出错的概率。

◎ **非艺术相关专业也可以成为设计师吗？**

当然可以，科班出身的人虽然更早接触艺术，也更容易上手，但并不代表其他非科班出身的人不适合从事这个行业。要知道，成为一名合格的设计师不仅要有美术基础，还要有日积月累的学习和实践经验，且业内许多著名的设计师都是非科班出身。因此，设计水平只与我们付出的汗水成正比，如图7-23所示。

图7-23 积累与天赋同样重要

要想快速地融入设计这个圈子，离不开持续不断地学习。得益于互联网行业的发展，越来越多的网站引进许多免费的课程，包括许多云课堂APP也都有许多免费的学习资源，这些课程包括各类设计基础和进阶教程，利用网络资源学习，既可以节约时间，又可以节省资金，想转行的朋友，一定不要错过。

在国内互联网行业较为发达的北上广深等地区，通常会有许多设计相关的展览、座谈会以及分享会，有时间和条件的话读者可以积极参与，结识一些设计圈内的前辈或专家，与他们交流可以获取许多专业方面的知识，不仅可以提高眼界，还可以借鉴他人的成功经验，避免在工作中走弯路。从另一方面来说，结识一些业内前辈，可以拓展自己在圈内的人脉，也许他就是你的下一位"伯乐"。如果你所处的地区没有大量的线下交流机会，也可以搜索一下"站酷""UI中国"等网站或一些本地设计师交流群，与同行多接触，这类人往往对互联网产品非常敏感，观察他们对设计、产品的理解和阐述，也会在一定程度上提高自己的审美和对设计的理解，也能提醒我们不要在设计中犯相同的错误，在这样浓厚的学习氛围中，相信读者的进步也会非常明显。

7.4.2 设计师发展的四大阶段

设计师们在职业生涯中，往往会经历几个关键阶段，我们将这几个阶段分为：成长期、定型期、重塑期、发展期。设计师在每个阶段都或多或少会碰到一些阻碍个人职业发展的问题，下面就跟读者一起简单探讨一下不同阶段内职业阻碍的解决方法。

■ 第1阶段（1~3年）——设计师成长期

设计师职业生涯的前3年十分重要，尤其是对刚刚毕业的大学生来说，这段时间的工作经历将决定今后的职业方向。最初进入这个行业，许多人往往会感到非常迷茫，不知道从何处下手，而选择一个适合自己的平台，是设计师们入行要做的第一件事。

那么设计新人的第一份工作要怎样选择呢？对刚刚走出象牙塔的学生来说，最直观的感受往往便是原来社会并不像我们想象中那样充满温情、职场也并非我们理解的那样友好、大学的知识在工作中无用武之地等。这种情况确实会令人感觉十分沮丧，但是要懂得"梅花香自苦寒来"这个道理，没有挫折就不会有进步。

对于岗位的选择，首先要看岗位所在的平台能否给个人提供成长的空间。以"国内"为例（见图7-24），在一线城市中，读者都以能进入BAT（指百度、阿里巴巴和腾讯）为荣，但是能进入BAT公司的设计师毕竟是极少数的，这些幸运的设计师有机会接触许多大型项目，学习到规范化的设计流程，这对学习期的设计师来说是无比宝贵的经验。其他地区的设计师在条件允许的情况下，可选择较有实力的互联网企业，在团队中向前辈学习，慢慢积累经验，提高自己的水平。如果是在小团队中，作为设计师更多是要培养自己的自主学习能力，小团队中的设计师有更多机会参与整个项目，从开始的需求确认到最后的产品上线，设计师可以了解每个生产环节，更深刻地思考自己的设计作品。

作为新人设计师，需要为自己制定一个短期目标和长期目标。短期目标的时间可以是3个月或者半年，短期目标的内容可以是某项技能的学习或者是阅读书籍；长期目标可以是1年，甚至更久，内容可以是晋升更高一层的岗位或是薪资达到某个标准。有了目标便会有动力。当然，目标的实现离不开强大意志力的支持，只要循序渐进，日复一日地努力，我们想要的结果就可能会实现。

　　许多初入行的设计师常常会抱怨目前的工作没有重心，或是安排的任务过于繁杂。希望读者能够摆正心态，在这个阶段认真对待公司安排的任务，把每项工作都当成全新的挑战，在工作中不断学习。在此期间，除了必须熟练使用设计软件外，还要不断提升自己的审美、理论以及沟通等综合能力，在团队中站稳脚跟，为以后打下坚实的基础。

图7-24 设计师成长期

第2阶段（3~5年）——设计师定型期

　　在设计师的第2个发展阶段，多数设计师已经熟悉产品研发的整个流程，也可以独立完成产品的设计工作，甚至有许多成熟、知名的设计作品。许多人从初级设计师成长为高级设计师，甚至有的优秀设计师还可能在这个阶段就走上了设计管理的岗位，如图7-25所示。

图7-25 设计师定型期

在这个阶段，设计师最容易出现的问题就是创意枯竭或是对当前岗位的工作感到厌烦。从事任何一个行业都会遇到瓶颈期，设计师也不例外，遇到瓶颈的设计师们通常会在当前阶段不知所措、在设计中缺乏灵感甚至对当前的工作感到烦躁，无论是何种状况，都不要局促不安，因为这一切都是正常的，一帆风顺的事业只是极少数，希望每一个在瓶颈期的设计师都能正确对待。许多人在遇到瓶颈时心态失衡，一味地埋怨和消沉，最终在这个阶段无法突破自己，只能选择换一个工作岗位或是在当前阶段停滞不前，甚至出现设计水平不断倒退的情况。要知道，有高峰自然就有低谷，在峰顶的时候要时刻做好下降的准备，在低谷的时候也要对未来有所期待。我们需要冷静下来反思自己的工作以及生活态度，寻找新的创意源泉，激发自己的灵感，不能只把注意力局限在现有的工作上，更要把视野放宽，多看国内外优秀设计师的作品，突破现有格局，尝试其他的设计风格，只有这样才能顺利渡过瓶颈期，并在瓶颈期中提高自己。

这个时期的设计师不应该像刚入行时那样懵懵懂懂迷茫，而应该对自己的职业生涯有了基本的规划，无论你从事的是UI、网页或是平面方向，都应该有自己准确的目标，且不再满足于当前的工作现状，因此很多设计师会选择在这个时候跳槽，去一个新的平台开始自己下一阶段的征程。如果可能的话，此时建议各位设计师尽量选择一些大公司，加入到业内口碑不错且专业素养过硬的团队，从事自己期望的行业，接触更多行业专家，从而进一步提升自己的设计能力。

■ 第3阶段（5~8年）——设计师目标重塑期

从事设计工作的第5年通常是一个分水岭，这时有的设计师已经在公司站稳了脚跟，拿到了不错的薪酬；有的设计师除了从事日常的设计工作之外，也承担了团队管理和制定团队流程的工作，同时可能还要挑起培养设计师梯队的重担，在公司中如鱼得水；当然，也有部分设计师在这5年中没有明显的进步，在公司中也不受重视，因此可能会萌生改行的念头，如图7-26所示。

图7-26 设计师目标重塑期

这个阶段的设计师，往往已经有自己的家庭或是准备成家立业，无论是在经济上还是心理上，都要承受一定的压力，而这些因素都迫使设计师们不得不开始重新思考自己的职业规划，这个时间的职业选择需要考虑很多因素，包括薪酬、家庭等，因此在选择下一阶段的发展目标时，设计师们往往会比较谨慎。

如果你在这个时期感到力不从心，那就先来思考一下如下两个问题。

◎ 这份职业对你来说仅仅是为了养家糊口还是发自内心的热爱？

如果你的回答是选择设计工作只是为了"糊口"，那么这个职业对你来说也许并不合适。因为一个内心并不喜欢的职业，很难对它付出百分百的热情，也不会想要追求更高层次的设计境界，因此很难在这个领域有所建树，与其每日都在应付工作，不如尝试换一个自己更加感兴趣的行业，做自己真正喜欢的事情。

相反的，如果你的回答是真心热爱设计这个行业，那么在这个阶段，应该站在更高的层次来看待设计这个行业。在设计的初级阶段，主要学习内容集中在软件的应用、配色技巧以及图形处理方式等几个方面，然而进入更深层次的学习阶段时，更多需要考虑的是设计中的人文因素。设计并不是单纯的图形组合或者软件应用，回归它的本质来看，设计是为了解决问题而生的，是为了创造更美好的生活，因此如果想要将设计当作毕生为之努力的事业，就要多学习除技法外的知识，包括宗教、哲学、情感以及历史等。站在设计之外的角度来看我们的作品，就会突破最初的局限性，从而产生更深刻的思考，为设计作品注入新的活力。

◎ 除了设计这个工作之外，你是否有更好的选择？

针对这个问题要根据具体情况来分析，结合个人的生活、家庭以及当地的行业现状来综合考虑。每个地区的行业发展情况不同，因此无法形成统一的薪资标准。一、二线城市薪资水平和设计发展情况较其他地区有优势，除了国家的政策支持外，当地企业是否认同设计的价值也是决定设计行业走向的重要因素。如果你所在的地区设计发展情况并不乐观，可以考虑到一、二线城市发展或是换个职业，毕竟生存是每个人必须要考虑的因素。不过，要明确的是，国内企业越来越重视设计的价值，认可设计为企业带来的经济效益，这一切都是推动国内设计行业持续发展的动力。

同时，许多设计师会认为做了这么多年的设计，如果就此放弃，就代表之前的努力付之东流，其实不然。从事设计行业的期间内，学到的不仅仅是设计技巧，更有对审美、社会价值观的认知，艺术与许多行业存在相通的因素，当今社会需要的是一专多能的人才，如图7-27所示。例如，作为一名策划人员，漂亮的策划案也会提高通过的概率；作为一名编辑，学会图片的基础处理技巧是这个岗位的必要技能。如此的案例还有很多，设计在其他领域也有用武之地，作为加分项，设计也可以提升你的附加值。

图7-27 设计师的自我选择

在这个时间节点，我们应该静下心来反思自己这几年的工作经历，是否有成熟的设计作品，是否有足够的能力去应付将来更高标准的工作要求，是否依然在持续学习……外部环境固然是重要条件，但是心态才是决定事业高度的根本。

▪ 第4阶段（8年以上）——设计师稳定发展期

如果你在设计这个行业已经走过了第8个年头，算来也应该到了"而立"之年，无论是家庭还是事业，都应该有了明确的发展方向。能够专注从事一项事业超过8年确实是值得人敬佩的，因为这需要投入极大的热情和诚意。从最初入行时候的迷茫无知，到如今能够自如应付各种工作中的难题。不知道是否有人还会记得最初自己定下的目标呢？又有多少人实现了自己最初的理想呢？

见图7-28，经过这么多年的磨炼，许多设计师离开了原来的工作岗位，选择自己创业或找到更好的工作机会，也有很多人留在企业中带领团队继续从事设计工作。不管是哪种形式，读者都需要全心全意投入到自己感兴趣的事业中，发挥自己的所长，在自己专业的领域中取得更好的成绩。

图7-28 设计师的稳定发展期

无论将来遇到任何风浪，希望读者都能保持一个积极的心态，稳扎稳打，向着既定目标不断前行。

7.4.3 设计大师修炼法则

经常有设计新人会问到："设计细分了好多方向，我应该怎么选择呢？并且怎样才能成为一个设计大神呢？"

针对以上问题，首先我想说的是，设计这一学科涵盖了几十种专业，且每种专业的要求都不相同。选择专业时除了要考虑是否感兴趣之外，还要充分了解该行业的发展现状以及未来可能变化的趋势。当下设计有几个比较热门的方向，包括网页设计、UI设计、交互设计以及游戏设计等，读者可以根据自己的大学专业或自身喜好来进行选择。

设计大神并非一蹴而就，除了工作经验和实战项目的积累，还需要通过自我学习不断提高。设计的第一步是要提升自己的眼界，本书中推荐了许多设计类网站，想要提升自己的设计水平，不妨去这些网站多关注一下设计类的作品，多看美好的事物、了解什么是美，借鉴他人的设计经验来规范自己的工作方法，从而提升自己设计作品的含金量。

可以从临摹优秀作品开始，通过大量的练习来提高自己的水平。不过要强调的是，这里所说的临摹是指个人练习作品，而不是鼓励读者将临摹作品用作商用，否则就会有抄袭的嫌疑。网络上有非常多带有详细步骤的设计教程，读者可以跟着步骤来做，一方面可以学习到他人的设计思路，另一方面，可以熟悉设计软件的使用方法，提高工作效率，如图7-29所示。

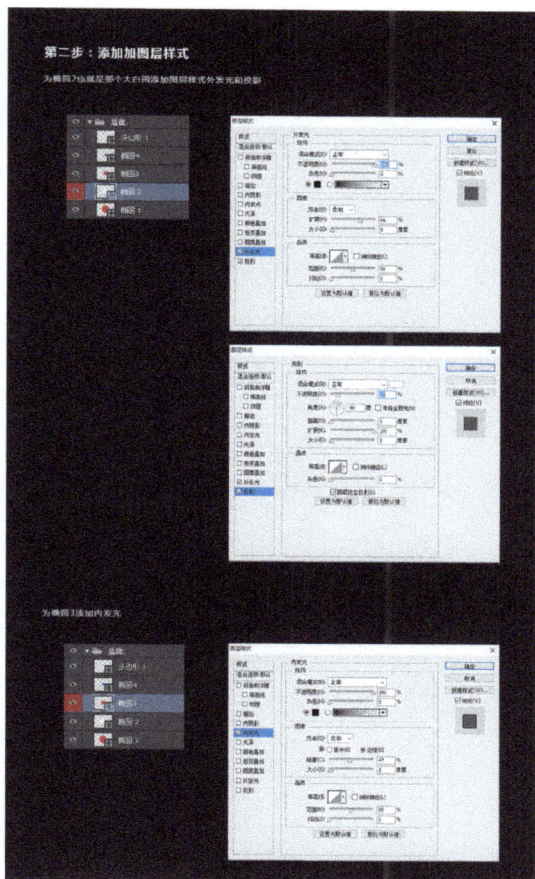

图7-29 临摹优秀作品

最后，可以从临摹转变为自主创作，主题可以来自于真实场景也可以自由发挥，创作时长可根据需要自己控制，我个人的习惯是将绘制小练习稿的时长控制在60分钟左右，这就要求读者熟练使用设计软件。如果绘制的是比较复杂的练习稿，那么就需要更长的时间，如图7-30和图7-31所示。

图7-30　40分钟练习稿

图7-31　330分钟练习稿（素材图与练习图对比）

7.4.4 设计中的沟通技巧

工作中我们都无可避免地要与不同的需求方打交道，这些需求方可能是你的上级领导，也可能是付费的商业客户。面对不同的需求方，沟通的方式略有不同，但都必须给予充分的尊重，多倾听、多沟通，多站在对方的角度考虑问题，同时加以正确引导，从而推进工作顺利进行。

■ 责任心与执行力

公司的上级领导是一个比较笼统的概念，他有可能是你的部门主管，也有可能是公司的领导。对于小型团队来说，领导通常是最终拍板做决定的那个人，而在大型的团队中，许多项目直接汇报给部门主管即可。无论是部门主管还是领导，他们都将有可能决定你的设计方案能否通过，因此掌握正确的沟通方式不但可以提升工作效率，也可以大大提高设计师在团队中的地位。

一般来说，在设计团队中，部门主管都会有相对丰富的项目经验和良好的美术基础，且这个角色在公司的项目推进中起着承上启下的作用。因为对于他们来说，一方面要负责安排设计工作的进度，另一方面还要帮助参与项目的设计师协调工作内容，这个看似闲散的岗位实际上要承担许多的工作责任，对许多初入职场的新人来说，跟对一个优秀的部门主管可以帮助我们在短时间内有效地提升设计水平，相反，可能就要独自面对许多工作中的难题了，如图7-32所示。

图7-32 培养个人的责任心与执行力

从上级领导的角度出发，大都希望团队成员在工作中做到有责任心和执行力。责任心，指在工作中应有一种严谨的态度，而现在读者常常谈到的"工匠精神"也是责任心的一种体现。许多设计师在工作时往往抱有敷衍了事的心态，"差不多就行""不仔细看没有问题"一类的话常常挂在嘴边，无论是对团队还是对用户这都是极其不负责任的表现。"千里之堤毁于蚁穴"，对于设计师来说，敷衍的态度势必导致作品质量的下降，且某个细节上的疏忽也可能会给整个产品带来极大的负面影响，同时设计师个人发展的进度也会很缓慢，更甚者会面临被踢出团队的风险。因此，在工作中一定要端正自己的工作态度，小到每一个像素的细微差别都要认真对待，尤其是针对产品研发过程中制定的设计规范，必须要严格遵守，切勿因为个人的散漫态度给上级领导留下负面印象。

执行力，要求我们在接到工作任务后，主动积极地完成自己的工作，不拖沓、不找借口，在规定的时间节点保质保量地完成设计需求。执行力是考核个人工作能力的重要标准，对于员工来说，我们的工作就是为企业、团队解决当下存在的问题，这也是我们的价值体现。

在工作当中，我们要学会"正确地执行"，其中包括计划、沟通、执行3个要素，如图7-33所示。

计划：分析、明确任务需求。前期的规划是十分重要的，我们要正确理解设计的主要目的、需要达到什么样的效果以及任务的时间进度。

沟通：在任务的进行过程中，我们不能只是闷头做，要与任务需求方不断进行沟通，保证任务能够正常、正确地进行。

执行：即付诸行动。在任务的执行中设计师要做到预估、把控风险，认真严谨地完成任务，努力向需求方预估的设计方案靠拢。

图7-33 正确执行工作任务

责任心与执行力都是职场新人必须具备的素养，它们可以帮助我们快速适应职场，赢得上级主管的认可，巩固自己在团队、企业中的地位。从上级领导的角度出发，能力固然重要，但是态度更为重要，工作能力可以随着时间的推移逐步提升，但如果没有积极的工作态度，就很难在工作中有所建树，企业自然不会喜欢雇佣这样的员工。

■ 正确理解需求

"返工"是设计师们最头疼的问题，少则几遍，多则几十遍。对于设计师们来说，在日常生活中大家常说的一句话就是："高端大气上档次，最后改回第一稿"，言语中饱含诸多无奈与苦恼。

在实际工作中，完成设计任务后，便需要与任务需求方沟通设计方案，在这个阶段，设计师与需求方往往会产生许多意见上的分歧，并且在方案沟通过程中需求方往往也会提出很多看似"无理"的要求，如文字加粗加大、多用红色背景、Logo一定要大一点……看到这样的沟通结果，设计师的内心一定是崩溃的，因此在修正设计方案的过程中有些人往往会带着强烈的逆反情绪，修正后的方案也难以符合需求方最初的预期，最终可能变成了"改回第一稿"的结局。

事实上，会出现这种情况通常是因为设计师没有正确理解需求方的意图和需求，在设计过程中过分放大了自己的主观意识，而偏离了最初的设计理念。例如（见图7-34），需求方要求"文字加粗加大"，往往可能是因为原本设计方案中的文案不够醒目；需求方要求背景需要用喜庆的红色，未必是因为红色更搭配，而可能是因为在人们心中，红色显得更为吉祥喜庆；需求方要求Logo尽量大一些，这样做也并非是因为好看，而可能是因为设计方案没有突出公司的产品或品牌形象。

图7-34 理解正确的需求

从另一个角度重新审视设计方案的时候，往往会看到许多我们未曾发现的缺陷以及与甲方的矛盾所在。大多数设计师在设计时具备足够的专业知识和独立的判断能力，但设计师们在工作时一定要避免出现"逆反"心理，因为负面情绪会影响我们对事物的正确判断，一味地抗拒也并不能从根本上解决问题，反倒会让问题变得更为棘手。在设计工作过程中，当观点与需求方出现矛盾时，设计师应该保持清醒和冷静，梳理好设计需求，多倾听甲方的意见和建议，并寻找合适的解决方案，这才是妥善处理和解决问题的方式。

■ 正确的沟通方式

从设计师的角度出发，展示设计作品时，应当有一套自己的设计理念或设计说明，在需求方提出疑问时，这些合理的、专业的设计理论既是自己设计方案强有力的支撑，也可以大大提高过稿率，还会让方案显得更为专业化。例如（见图7-35），当需求方问背景图为何要采用模糊的方式处理时，设计师可以告诉他们，目的是突出主标题，避免因为背景过于花哨，对主题的视觉效果造成过多的干扰。针对以上情况，要求设计师一定要具备扎实的理论基础和实践经验，通过专业术语的描述，也可以达到让需求方信服的目的。

图7-35 掌握正确的沟通方式

在设计开始之前，要多与需求方沟通，了解需求方的预期，例如，希望用到的主色调是什么、风格是什么样的以及展示方式等。如果条件允许，也可以让需求方提供一些比较青睐的设计案例作为参考，这样有助于设计师更好地把握需求方的心理预期，避免走弯路。

如果最后需求方提出的是一些并不专业的意见，设计师可以针对这些意见提取一些关键元素，在设计方案中做调整，并通过不断沟通来说服需求方接受设计方案。在实际的工作中，难免会遇到难缠的客户，我们要尽量做到不急不躁，认真听取建议。同时，要加强专业技能的学习，提高自己在专业领域的影响力，只有设计师专业能力到达足够的高度，才有可能让需求方心甘情愿地为我们的设计方案"买单"。

7.4.5 绕开设计路上的"陷阱"

当我们的设计水平达到一定的高度之后，可以根据自己的一些实际情况承接一些兼职类的设计项目，也就是我们常说的"私活"。兼职一般分两种，一种是固定的兼职岗位，有些公司内部没有设定设计这一岗位，因此会雇佣设计师兼职参与公司的设计任务，通常这种兼职的薪资相对较为稳定，另一种则没有固定的工作时间，需要根据项目的具体情况，然后双方一起协商价格，如图7-36所示。

图7-36 避开设计陷阱

无论是何种兼职方式，都会存在一定的"逃单"风险，例如，你熬夜做出的无数套设计方案，给到甲方后，甲方有可能会拿着你的方案"跑路"了，电话、微信和QQ等全都联系不上。在日常生活中也有可能会遇到甲方肆意剽窃设计师的设计方案，然后稍作改动作为原创发布，而这个时候想要维权就不是那么容易了。

诸如以上所说，"骗稿"的情况屡屡发生，那么怎样才能尽量保证自己的劳动成果和合法权益不被侵犯呢？这里我们给出了如下几点建议。

判断甲方信息的真实性。当有客户找上门的时候，不要因为一时的兴奋而忘记核对项目或客户是否真实存在，许多个人或公司因为不想支付设计费用，往往会用"骗稿"的方式来取得他人的设计方案，因此在最初沟通时最好能够了解公司的概况，可以通过工商网站来查询该企业是否属实。

项目报价。目前国内设计市场的报价比较混乱，有一部分人干扰了市场的正常商业秩序，网上随处可见50元Logo设计、800元全套建站等类似信息，通常这类设计是直接从网上下载国外的素材或者模板，而并非原创。行业以外的人却并不懂其中的猫腻，种种因素导致国内设计市场价格普遍较低，设计师利益难以得到保障。报价时，可参照工作的日薪资来拟定，兼职项目可按照日薪的1~2倍来报价，通常根据项目的复杂程度做不同浮动。例如，一个网页设计方案，预估工作时长为3天，该设计师日薪为300元，那么报价的计算方式为300（日薪）×（1~2倍）×3（天数）。

收取定金。与甲方协商好方案报价后，最好可以签订一个合同，确保合法权益不被侵害。同时，需要收取一定数目的定金，定金一般为总价的30%~50%，具体可根据实际情况决定。

最终方案交付。设计方案完成后，建议给甲方发送低保真或较小尺寸的设计图作为方案预览呈现，也能防止甲方在拿到设计方案后"反悔"。源文件的交付往往是在尾款付清之后，这样可以充分保证设计师的权益。

以上为设计师承接项目时的要点建议，在实际生活当中，根据不同情况可做相应调整。最后要注意的是，在设计项目完成后，应尽量与甲方保持联系，维护好愉快的合作关系，保持稳定的合作关系也是设计师拓展商业渠道的重要方式。

↗ 小结

在日常生活中，许多设计师常常对别人的作品侃侃而谈，但反观自己的设计作品时，却往往也是"惨不忍睹"。做设计最忌"眼高手低"，在网页设计学习的过程中，希望大家能够保持谦虚的心态，采他人之长补己之短，只有多动手才会有实质性的提高，不要"纸上谈兵"。

从设计新手变为设计大神，是需要5年、10年、20年还是更久呢？这取决于我们付出的汗水的多少。一分耕耘，一分收获。与其只是羡慕那些大神，不如脚踏实地从头做起吧！

© The Rose花艺工作室网站

© CS设计工作室网站

结束语
CLOSING

如今，网页设计已变成一个独立的设计方向，在人们的日常生活当中占据着重要地位。网页设计师们对新技术的追求从来没有停止过。如今，技术对于创意的影响变得越来越小，而网页设计师们发挥的空间变得越来越大，只要敢想，一切就有可能，而这对于网页设计师来说，是一件非常值得庆幸的事情。现如今设计新人可以站在前人的肩膀上前进，许多创意可以直接借鉴，正应了"前人栽树，后人乘凉。"这句话。

一些成熟的经验对于设计师个人的提高和成长是十分有帮助的。所以，在本书结束之际，我希望大家能够时时刻刻保持谦虚恭顺的态度，多动手，少做"纸上谈兵"，在工作之余不要忘记持之以恒地学习，互联网产品瞬息万变，新技术层出不穷，网页设计师也需要有危机感，要懂得"逆水行舟，不进则退"这个道理，唯有坚持学习才能不断进步。

这本书包含了我们多年积累的工作技巧和心得体会，整理书稿的过程也是对我们工作经验的整理和对设计技能的复习，我们也从中受益良多。在此，希望刚刚步入或是即将步入网页设计行业的准设计师们，能够从我们的经验中收获新的灵感，更快适应全新的角色，为今后的职业生涯打下良好的基础。

同时，在这里要感谢帮助我们整理书稿的曹祥莉编辑，因为她的努力和付出，才让我们有机会在这里与各位进行交流，还要感谢提出意见和建议的诸位朋友，因为你们让这本书变得更加完美。

最后，不忘初心，方得始终。与各位共勉！

END